Save Our Selves, en bescherm onze planeet aarde

Paperback 143 pagina's
Paperback
Draft2Digital ISBN: 979-8201647384
Barnes & Noble, Kobo, Apple, Amazon
E-book
Draft2Digital ISBN: 979-8201937621
Kindle, Kobo, Bol.com
Reisvideo's op You Tube/Peter Holst MD

Inhoudsopgave

Voorwoord

In deel 1 zie je hoe ziekten en de opwarming van de aarde het gevolg zijn van exploitatie van vee en natuur. Geweld is al sinds mensenheugenis de onontkoombare metgezel van de geschiedenis en vormt de basis van ons bestaan. Het wordt weerspiegeld in hoe de mens (maar eigenlijk alles wat leeft) zich voedt met wat leeft en zijn omgeving exploiteert. Voorkom een herhaling van de ondergang van Paaseiland.

Een halve eeuw lang heeft Moeder Aarde de mens heerschappij gegeven over zijn eigen voortplanting en de voortplanting van alle dieren en planten op aarde. Wij zijn dan ook verplicht de schade die wij veroorzaken te herstellen. Vlees en consumptie-eieren worden nu uitsluitend geproduceerd door kunstmatige inseminatie en met kweek- en broedmachines. Afrikaanse varkenspest, jaarlijkse griepvirussen en pandemieën van het coronavirus zijn het gevolg van ziekten bij dieren die ook op mensen kunnen overgaan.

Onze verre voorouders zijn de mensapen. We kunnen deze oorsprong niet ontkennen. Als de mensheid terugkeert van alleseter naar fructivoor met voedsel dat bestaat uit groenten, fruit, bonen, noten en af en toe een glas wijn, zullen pandemische zoönose, een verdere toename van kankergevallen en catastrofale opwarming van de aarde worden bespaard.

Deel 2 beschrijft hoe de aarde kan worden beschermd tegen overconsumptie en uitputting. Afschaffing van slavernij voor consumptiedieren en optimaal gebruik van de overvloed aan energie die de zon ons geeft zijn daarbij onmisbaar. Ontwikkelingshulp moet hand in hand gaan met hulp om de overbevolking terug te dringen in delen van de wereld met een extreme bevolkingsgroei.

Deel drie beschrijft hoe we ons kunnen beschermen tegen ziekten die van pluimvee en ander vee op mensen overgaan en hoe we op een gezonde manier oud kunnen worden.

Mensen die meer dierlijke eiwitten consumeren, hebben minder antistoffen, zelfs met een kleine hoeveelheid dierlijke eiwitten. Vooral ouderen ontwikkelen ziekten die voortkomen uit voeding die de immuunrespons en de vorming van antilichamen vermindert.

Deel 1 – Onze strijd tegen de dieren

Massaconsumptie van goedkope hamburgers en plofkippen

DR P.A.J. HOLST

Fase 1 van de strijd. Een bacterieel leger kwam uit de steppen

De eerste pandemie was een bacteriële pandemie, de builen- en longpest in de vroege middeleeuwen (14e eeuw) als gevolg van het roosteren en verhandelen van steppemarmotten uit Mongolië. De longpest doodde 50% van de Europese bevolking in de 14e eeuw. De pestbacteriën zijn verspreid door ratten, luizen en vlooien van de marmottenbont.

Fase 2. Virussen en bacteriën gingen samen ten strijde

De Spaanse griep van 1918-1919 was een virus- en bacteriële pandemie. Het Influenza A (aviaire) virus veroorzaakte een griepepidemie in Fort Riley, Kansas, VS. In dit fort fokten ze kippen en varkens voor de soldaten. Een kok kan besmet zijn met het virus. Door mutatie kon het virus infectie van persoon tot persoon veroorzaken. Influenzavirus (H1N1) is via de troepentransporten van WOI via miljoenen doden naar Europa overgebracht. De meeste sterfgevallen door de grieppandemie van 1918-1919 waren direct het gevolg van secundaire longontsteking veroorzaakt door gewone bacteriën in de bovenste luchtwegen. Gegevens van de daaropvolgende pandemieën van 1957 en 1968 zijn consistent met deze bevindingen.

Morens DM, Taubenberger JK, Fauci AS. Predominant Role of Bacterial Pneumonia as a Cause of Death in Pandemic Influenza: Implications for Pandemic Influenza Preparedness. J Infect Dis. 2008; 198 (7): 962–70

Fase 3. Virussen en vleermuizen, de vliegende ratten, gaan samen ten strijde

Een volgende pandemie (WHO 1980) was de HIV-1-viruspandemie als gevolg van de handel, verkoop en consumptie van chimpansee-vlees uit het oerwoud.

Sindsdien heeft HIV/aids geleid tot naar schatting 65 miljoen besmettingen en 25 miljoen doden. Vooral in Afrika.

Daarna volgde de pandemie van het ebolavirus, mede door de consumptie van bushmeat en gedroogde vleermuizen.

Fase 4. De kleinste bacteriën gaan ten strijde vanuit vogelkooien

Na de afschaffing van de slavernij is de handel in exotische dieren en vogels, papegaaien en zangvogels het nieuwe businessmodel geworden. Als gevolg hiervan vogelgriep en besmetting met bacteriën zoals Chlamydia pneumoniae in de luchtwegen van de mens. De mens wordt gebruikt als gastheer.

Fase 5. Leukemievirussen (ALV en BLV) verspreiden zich over ons voedsel

Deze virussen gebruiken menselijke cellen als gastheer om zich te vermenigvuldigen. De verspreiding van deze virussen is verantwoordelijk voor de recente toename van darm- en borstkanker (meer hierover in het betreffende hoofdstuk). Sinds het midden van de 20e eeuw kwamen er steeds meer megaboerderijen waar varkens, koeien en konijnen uitsluitend door kunstmatige inseminatie worden gefokt.

Fase 6. Corona-virussen verspreiden zich vanuit Wet Markets

Influenzavirussen en coronavirussen worden jaar na jaar voornamelijk verspreid van kippenboerderijen, varkensmestbedrijven en Wet Markets in Zuidoost-Azië, waar dieren op de markt worden geslacht en levend worden verhandeld.

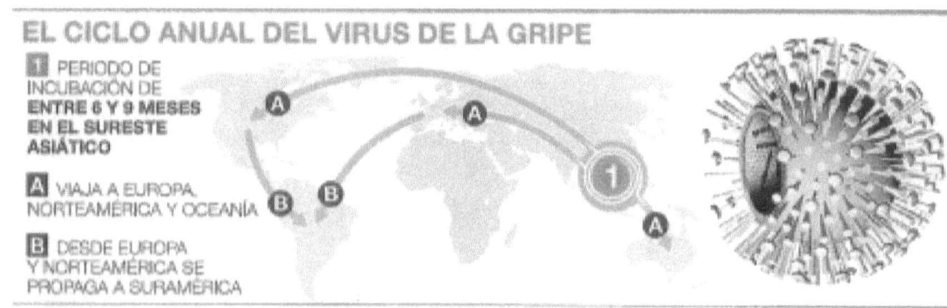

Jaarlijkse cyclus van griepvirussen

SAVE OUR SELVES EN BESCHERM ONZE PLANEET AARDE

In maart 2019 kwamen wij terug van een cruise in Zuidoost-Azië, de specerijenroute, en waren we een paar dagen in Guangzhou (Kanton). Bij aankomst op het vliegveld hier werd onze temperatuur gemeten, werd een vrouw met koorts ontdekt en in quarantaine geplaatst. Jaren voor de uitbraak van COVID-19, sinds de SARS-epidemie, werden temperatuurmetingen en maskers al toegepast in Zuidoost-Azië in de strijd tegen Coronavirussen!

Coronavirussen verspreiden zich als spijkerbommen bij mensen en veroorzaken veel sterfte door longontsteking. Vleermuizen en knaagdieren zijn dragers van deze ziekten. Waar vroeger ratten en muizen ziektes overdroegen, zijn nu de vliegende ratten (vleermuizen) de oorzaak van deze pandemie van het coronavirus, die afkomstig is van wilde dieren op markten waar de dieren levend worden verhandeld.

Pas halverwege de twintigste eeuw kreeg het leven op aarde de voortplantingsprocessen onder controle

De eerste levensvormen werden gevonden in de Stille Oceaan. 400 miljoen jaar geleden werd Pan Gaia omringd door Pan Ocean. De aarde was een enorme pannenkoek. Het leven op aarde is oostwaarts geëvolueerd onder invloed van de zwaartekracht, de rotatie van de aarde en de zonsopgang. Uit de oersoep zijn meercellige organismen, vissen, zeeleguanen en amfibieën voortgekomen. Dinosaurussen, vogels, zoogdieren en apen zijn geëvolueerd op het land van Pan Gaia. Mensapen, homo erectus en homo sapiens zijn ontstaan in Centraal-Afrika en Azië.

Homo sapiens heeft een grotere handvaardigheid bereikt in het Oost-Afrikaanse gebied. De mens is het enige zoogdier dat de duim tegenover de andere vingers kan plaatsen en met zijn handen een nauwkeurige greep kan maken. Hoe meer die handen konden doen, hoe succesvoller hun eigenaren waren. Deze evolutionaire ontwikkeling zorgde voor een toenemende concentratie van zenuwen en zeer nauwkeurige spieren in de duim en vingers. De hersenen groeiden mee. Hierdoor kunnen mensen zeer complexe taken met hun handen uitvoeren. De moderne mens is het eerste levende wezen dat controle kreeg over zijn eigen voortplanting.

SAVE OUR SELVES EN BESCHERM ONZE PLANEET AARDE

Dit werd gevolgd door controle over de voortplanting van dieren door op grote schaal kunstmatige inseminatie op het vee toe te passen

Vlees en eieren voor consumptie in de bio-industrie worden uitsluitend geproduceerd door kunstmatige inseminatie of met behulp van broedmachines.

Coronavirus, Afrikaanse varkenspest, Boviene (rund) Leukemie Virus en Aviaire Leukemie Virus zijn het gevolg van ziekten bij dieren die ook op mensen kunnen worden overgedragen. Meer dan 300 miljoen landbouwhuisdieren in de EU brengen hun hele leven door in een kooi. De pandemie van het coronavirus en de wereldwijde lockdown hebben laten zien hoe kwetsbaar de samenleving werkelijk is.

De vlees- en zuivelconsumptie blijven wereldwijd stijgen, waardoor het oerwoud wordt weggevaagd en we in contact komen met potentieel gevaarlijke virussen. De aarde heeft de mens gevormd en we zijn daarom schatplichtig aan onze natuurlijke omgeving.

Virussen en bacteriën leren ons mensen voorzichtig te zijn in onze omgang met onze medezoogdieren. Doen we dat niet of onvoldoende, dan zullen we veel schade, angst en verdriet ervaren zoals we in het Corona-jaar 2020 al hebben meegemaakt. Als we koppig en nalatig blijven, zullen we als soort en als individu zwaar betalen. Dan kunnen wij uiteindelijk door de kleinste bacteriën en virussen verslagen worden!

De mensheid is de aarde steeds meer gaan beschouwen als haar exclusieve eigendom. Waaronder een steeds groter deel van het oerwoud. We zien hoe de wereldbevolking groeide en groeide, en hoe bijna niemand eraan dacht om hun verworven recht op een dagelijks stuk vlees op te offeren, met een enorme belasting voor het milieu tot gevolg. Alle dieren moeten het doen met steeds minder leefruimte.

Grote carnivoren - zoals de leeuw - worden in het wild steeds zeldzamer, omdat er dankzij de mens steeds minder leefgebied is voor hen en hun prooi. Wereldwijd worden tropische bossen gekapt voor soja- en palmolieplantages. De soja dient op zijn beurt voor de voedselvoorziening van onze intensieve veehouderij. Hierdoor neemt enerzijds de CO_2-opname door het verlies van tropisch bos af en anderzijds zorgt de soja via de veehouderij voor een toename van CO_2. Onze planeet kan de consumptie van vlees niet aan, er is geen ruimte voor. Het wordt hoog tijd dat mensen hun eetgewoonten veranderen en stoppen met de handel in exotische dieren.

Zoönose

SARS

De SARS-epidemie leidde tussen november 2002 en juli 2003 tot zo'n 8.000 besmettingen. Bijna achthonderd mensen stierven. SARS heeft zich verspreid naar meer dan dertig landen, waaronder landen in Europa. Buiten China werden Hong Kong, Canada, Taiwan en Singapore het hardst getroffen. In China werden bijna alle provincies getroffen. Nederland bleef SARS-vrij. De provincie Guangdong (Kanton) was het middelpunt van deze pandemie in 2002. Het fokken, verhandelen en eten van civetkatten is daar sinds januari 2004 verboden. Recente inspecties hebben echter aangetoond dat civetkatten daar nog steeds worden verhandeld door restaurants, waaronder in Hubei (Wuhan) provincie.

Coronavirussen en longontsteking

Drie nieuwe virussen die in deze relatief jonge eeuw gevaarlijke longontsteking en overlijden veroorzaken:

- SARS-virus dat in 2002 in China opdook en via de civetkat werd verspreid
- MERS-virus komt sinds 2012 van dromedarissen
- SARS-coronavirus II dat de COVID 19-pandemie veroorzaakte

De geschiedenis van de Corona-uitbraak in China

Het begon allemaal in 2007 met een pandemie van Afrikaanse varkenspest (Afrikaanse varkenspest of AVP) toen het Georgië (in de Euraziatische regio van de Kaukasus) binnentrok, waarschijnlijk veroorzaakt door het voeren van lokale varkens met AVP-virus besmet slachtafval. inclusief varkensresten gelost van een schip dat aankwam uit West-Afrika. Sindsdien heeft het zich over een groot deel van Eurazië verspreid en uiteindelijk ook varkens en wilde zwijnen besmet. De meest recente verdere verspreiding vond plaats in India. De pandemie van Afrikaanse varkenspest zal dit jaar (2020) nog erger zijn dan in 2019, zeggen experts, en waarschuwen dat de verspreiding van het virus, dat zeer besmettelijk en dodelijk is voor varkens, zich voortzet.

Met de wereldwijde aandacht voor de menselijke virale pandemie van COVID-19, groeit de bezorgdheid dat landen worden afgeleid en niet genoeg focussen op het stoppen van de verspreiding van varkenspest.

Het AVP-virus is een veel 'sterker' virus dan Covid-19 omdat het weken en maanden kan overleven in het milieu en in vleeswaren. Afrikaanse varkenspest doodt bijna 100% van de dieren die het besmet. Het virus is al bijna 100 jaar. in omloop, maar er is nog steeds geen vaccin tegen ontwikkeld.

SAVE OUR SELVES EN BESCHERM ONZE PLANEET AARDE

Eind 2018 was het totale aantal geruimde dieren 650.000. China's varkenskudde, verreweg de grootste ter wereld, werd toen geschat op 360 miljoen dieren. Het aantal varkens was eind 2019 bijna gehalveerd door een epidemie van het AVP-virus bij de grootste varkensvleesproducent ter wereld. Ongeveer 200 miljoen varkens werden geruimd of stierven als gevolg van de ziekte, waardoor de varkensvleesproductie met 40% daalde. Door een gebrek aan oplossingen om de ziekte te voorkomen en door een gebrek aan kapitaal om nieuwe varkens te fokken, kan het meer dan 5 jaar duren voordat de productie op het oude niveau is hersteld vóór de dodelijke uitbraken.

Momenteel bevinden de belangrijkste reservoirs van het virus zich voornamelijk in China, Vietnam, de Filippijnen en een groot deel van Oost-Europa. De ziekte heeft zich nu voor het eerst ook verspreid naar Papoea-Nieuw-Guinea.

Er zijn zorgen dat China de gegevens voor 2020 te rooskleurig rapporteert. "We zien AVP hier elke week", zegt Wayne Johnson, dierenarts bij het landbouwbedrijf Enable Agricultural Technology Consulting, gevestigd in Peking.

Ambtenaren van de provincie krijgen te horen dat ze geen aangifte moeten doen. Het beleid van China is nu verschoven van ruimen naar controleren en ermee leren leven. Het voordeel dat de AVP-epidemie heeft gehad op de resultaten van varkensproducenten in China voegt een andere interessante dimensie toe aan het verhaal. Ze hebben in het land al met de ziekte leren leven en zijn enorm gaan profiteren van de hogere varkensvleesprijs als gevolg van het verminderde aanbod. De winsten blijven stijgen bij de Chinese topproducenten zoals WH Group, Wens en Muyuan. Varkensproducenten in de VS en Europa vrezen dat het slechts een kwestie van tijd is voordat de ziekte hun varkensstapel bereikt.

Eind 2019 was er een eerste uitbraak van een nieuw coronavirus in Wuhan. Het Corona SARS 2-virus is op een markt in de Chinese metropool Wuhan van dier op mens overgegaan. Op deze markt voor levende dieren worden exotische dieren zoals slangen, schildpadden, vleermuizen, vossen en stekelvarkens verkocht voor consumptie. Ook civetkatten worden nog steeds intensief gefokt, zo blijkt uit circulerende prijslijsten.

SAVE OUR SELVES EN BESCHERM ONZE PLANEET AARDE

Het virus wordt gehuisvest en verspreid door vleermuizen, die in China en elders in de wereld levend worden gekookt voor soep. Het is heel frappant dat het Jaar van de Rat 2020 in China van start gaat met een nieuwe coronavirusepidemie, verspreid door vleermuizen, ook wel bekend als de vliegende ratten.

Na de SARS-epidemie van 2013, die zich vanuit Hong Kong verspreidde, waarschuwden Chinese virologen eerder dat door vleermuizen overgedragen coronavirussen opnieuw zouden verschijnen om de volgende uitbraak van de ziekte te veroorzaken. China is een hotspot. Vleermuizen vormen een ongelooflijk diverse groep die een kwart van alle zoogdieren uitmaakt, knaagdieren maken 50 procent uit en wij mensen behoren tot de resterende 25% van de zoogdieren. Vleermuizen leven op elk continent, in de nabijheid van mensen en boerderijen. Het vermogen van de vleermuizen om te vliegen biedt hen een breed scala aan habitatten, wat helpt bij het verspreiden van virussen. Hun ontlasting en urine kunnen ziekten verspreiden. Vleermuizen zijn de enige vliegende zoogdieren, ze verslinden ziekteverwekkende insecten bij tonnen, en ze zijn essentieel voor de bestuiving van veel fruit, zoals bananen, avocado's en mango's. Vleermuizen herbergen een groter aandeel ziekteverwekkers die van dieren op mensen overgaan dan enig ander zoogdier.

Op 26 januari 2020 zorgde deze COVID-19 al voor 2.751 bevestigde besmettingen met 56 doden in China. Het virus had zich reeds naar een tiental landen verspreid. Op 4 maart 2020 waren er 80.409 gevallen, met 3.285 doden en een verspreiding naar 86 landen.

Het stopzetten van de verkoop van dieren in het wild op markten is essentieel om toekomstige uitbraken van ziekten die van dier op mens overgaan, in te dammen.

- **Het besluit, genomen door het Chinese Nationale Volkscongres op 24 februari 2020, stelt dat de illegale consumptie van en handel in wilde dieren "zwaar bestraft" zullen worden, evenals de jacht, handel of transport van wilde dieren voor consumptie, is meer noodzakelijk dan ooit.**

De meeste Covid-19-besmettingen waren in Noord-Brabant, Nederland

Het lijkt een groot mysterie: de corona-uitbraak in Noord-Brabant. De provincie ontwikkelt zich steeds meer tot brandhaard voor het virus in Nederland. Waarom raakten de meeste mensen hier besmet?

Een jaar geleden waren we op een huwelijksfeest in de buurt van Eindhoven. Ik liep naar buiten met het idee om te genieten van een heldere avond. De lucht was zo vervuild met stof dat er geen sterren te zien waren en er hing een doordringende geur van naburige varkensmestbedrijven. Hoe is binnen de luchtkwaliteit in de huizen van de vele duivenmelkers, geitenhouders, varkenshouders en nertsenhouders? In een slecht binnenklimaat verspreidt griep zich snel naar familieleden en vrienden. Hoe is het binnenklimaat in de vele varkensslachterijen waar de temperatuur fluctueert, er snel gewerkt moet worden in een rumoerige omgeving en men vaak naar elkaar moet schreeuwen?

Tijdens het carnaval in Noord-Brabant is het coronavirus een smeltkroes van bezoekers binnengedrongen. Vooral in banketzalen en bars is het risico op besmetting groot.

Ook in Duitsland en de Verenigde Staten is van maart tot juni 2020 bewezen dat veel werknemers in slachthuizen en vleesverwerkingsindustrie besmet zijn met Covid-19.

Op bijgaande kaart zit op de rode plekken meer fijnstof in de lucht. In Noord-Brabant wordt dit veroorzaakt door de vele varkensstallen, de geitenfokkers, de vele vogelfokkers en de nertsenfokkerijen?

Fijnstof 2.5 en Covid-19 gevallen

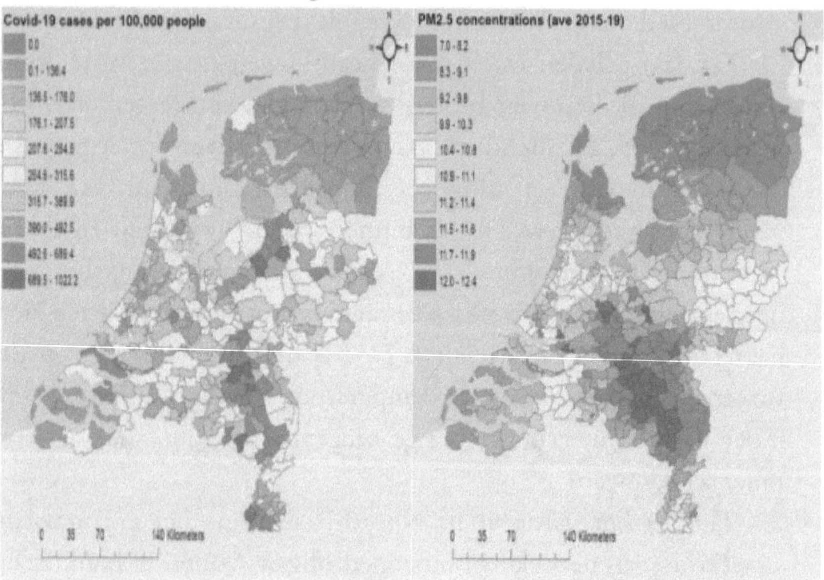

Elk jaar eind februari en begin maart trekken carnavalsvieringen duizenden mensen naar straatfeesten en optochten – 2020 was geen uitzondering, verklaart dat de snelle verspreiding van COVID-19 in Noord-Brabant?

Door het landelijke karakter (dat past bij de carnavalstradities) zijn er op de locaties van het carnaval veel varkensstallen en geitenhouders. Verspreiding hoeft dus niet eens via carnavalsbijeenkomsten. De meeste grote praalwagens worden precies IN de stallen van boerderijen gemaakt en geparkeerd, en de makers ervan dartelen de dag ervoor overal door de modder en het stro, schudden de hand van de boer en eten daar nog een boterham. Omhels elkaar dan tijdens optochten en ook het publiek onderweg.

De zuidoostelijke provincies Noord-Brabant en Limburg huisvesten meer dan 63% van de 12 miljoen varkens van het land en 42% van de 101 miljoen kippen. Intensieve veehouderij produceert grote hoeveelheden ammoniak. De concentraties zijn het hoogst in luchtmonsters uit Zuidoost-Nederland.

DR P.A.J. HOLST

Resultaten bij de behandeling van Covid-19-pneumonie

Het coronavirus is een minuscule kleine spijkerbom die levende lichaamscellen kan binnendringen en voordeel kan halen uit de eiwitsynthese van de gastheercel om nakomelingen te produceren waardoor honderden nieuwe virusdeeltjes de gastheercel kunnen verlaten en zich door het lichaam kunnen verspreiden, wat resulteert in een dodelijk ziekte. Verschillende behandelende artsen hebben melding gemaakt van succes bij de behandeling van patiënten met koorts en COVID-19-pneumonie met azitromycine. Azitromycine, een macrolide-antibioticum, erythromycine en ook doxycycline voorkomen dat virussen zich vermenigvuldigen door hun eiwitsynthese in de gastheercel te verstoren. Het bindt zich aan de ribosomen in de gastheercel, remt het transport van RNA en eiwitsynthese door virussen, voorkomt vermenigvuldiging en verspreiding in het lichaam.

SAVE OUR SELVES EN BESCHERM ONZE PLANEET AARDE

De meerderheid van de sterfgevallen in de grieppandemie van 1918-1919 was waarschijnlijk het directe gevolg van secundaire bacteriële longontsteking veroorzaakt door gewone bacteriën in de bovenste luchtwegen. Gegevens van daaropvolgende pandemieën in 1957 en 1968 komen overeen met deze bevindingen. Ook bij deze griepepidemieën blijkt antibiotica een gunstige invloed te hebben op het ziekteverloop bij longontsteking. In de tijd van de pandemie van 1918-1919 was er geen antibioticum. Alexander Fleming ontdekte penicilline pas in 1928.

Morens DM, Taubenberger JK, Fauci AS. Predominant Role of Bacterial Pneumonia as a Cause of Death in Pandemic Influenza: Implications for Pandemic Influenza Preparedness. J Infect Dis. 2008; 198 (7): 962–70

Van patiënten met COVID-19 is gemeld dat ze een vergelijkbaar risico lopen op secundaire bacteriële pneumonie, hetzij als gevolg van schade veroorzaakt door het nieuwe coronavirus zelf, hetzij als gevolg van invasieve procedures zoals intubatie/mechanische beademing om ademhalingsinsufficiëntie te beheersen. Langdurige immobilisatie op de intensive care heeft ook geleid tot trombose en embolieën.

Neem bij deze snel voortschrijdende luchtweginfectie niet alleen paracetamol, maar ook direct bij koorts kan een adequaat antibioticum zoals azitromycine of doxycycline erger voorkomen.

DR P.A.J. HOLST

Q-koorts epidemie

Mest en stro van de geiten worden door boeren als bemesting over het land verdeeld. Geïnfecteerde drachtige melkgeiten verspreiden na de bevalling sporen van de bacterie met de nageboorte en het vruchtwater in het stro. Hierdoor verspreiden de bacterie en sporen van *Coxiella-burnetii* zich door de lucht en besmetten de lokale bevolking in Noord-Brabant, zelfs na het inademen van 100 ziektekiemen.

In 2007 vond in Nederland de eerste uitbraak van Q-koorts bij mensen plaats. In Noordoost-Brabant zijn 73 patiënten met Q-koorts waargenomen rond verschillende melkgeitenbedrijven die besmet waren met *Coxiella burnetii*. In 2008 deed zich in een groter gebied dan in 2007 opnieuw een epidemie van Q-koorts voor. Met 906 bevestigde patiënten is dit de grootste geregistreerde Q-koortsepidemie ter wereld. In 2009 werd duidelijk dat de ziekte zich over een groot deel van Nederland had verspreid, er werden bijna 2.300 nieuwe besmettingen geconstateerd. Volgens de officiële telling tot maart 2010 zijn tien mensen overleden aan een chronische vorm van de ziekte. Op het hoogtepunt van de uitbraak van Q-koorts in 2009-2010 waren negentig bedrijven besmet. Besmette dieren kunnen Q-koorts op mensen overbrengen.

De bacteriën komen in het milieu terecht doordat besmette dieren (die zelf geen symptomen hoeven te vertonen) bacteriën afscheiden. Dit doen ze via lichaamsvloeistoffen, zoals tranen, urine, slijm, speeksel, melk en vruchtwater. Vooral tijdens het afkalven of lammeren komen veel bacteriën vrij. Zeker bij een abortus. Mensen worden besmet door het inademen van verontreinigde stofdeeltjes. De ernst van de infectie hangt af van het aantal ingeademde ziektekiemen. In de open lucht verspreiden de bacteriën zich als sporen en kunnen in deze vorm lang overleven. Na inademing kunnen de bacteriën via de longen in de bloedbaan worden opgenomen en zich verder in het lichaam verspreiden, met in sommige gevallen een chronische ziekte tot gevolg. De bacteriën kunnen zich alleen in levende cellen vermenigvuldigen. Q-koorts gaat niet van persoon op persoon over.

Net als bij Q-koorts-pneumonie en Chlamydia-pneumonie zijn de lange termijn gevolgen van Covid-pneumonie onvoldoende bekend. Heeft een roker die een long Covid infectie heeft gehad met een longontsteking na tien jaar een extra sterk verhoogd risico op longkanker?

Longkanker epidemie in Nederland, België en het VK

Land	Pakjes sigaretten van 20 per jaar in 1970	Longkankersterfte 1984 (CBS Nederland) 2010 (EUROSTAT)	
Italië	84	77	73
Noorwegen	88	43	71
Frankrijk	92	65	87
Finland	93	87	73
Nederland	**108**	**117**	**108**
België	**119**	**119**	**115**
West Duitsland	125	73	West & Oost Duitsland 79
Japan	*141*	*43*	
Verenigd Koninkrijk	**153**	**100**	**82**
USA	*184*	*84*	

Leeftijd gestandaardiseerde longkankersterfte (ICD 162 per 100.000 mannen per jaar) in tien verschillende landen in 1984 en 2010 in verhouding tot de consumptie van gefabriceerde/gerolde sigaretten per volwassene in 1970.

• In Japan en de VS is altijd veel meer gerookt en waren de sterftecijfers van longkanker veel lager.

In 2012 was kanker de oorzaak van 31% van alle sterfgevallen in Nederland (Eurostat). Tegenwoordig krijgt ongeveer de helft van alle mannen en een derde van alle vrouwen kanker en ongeveer 20% van alle sterfgevallen is te wijten aan kanker. Dit is een indrukwekkende toename en lijkt aan te tonen dat de toename van kanker een recente biologische gebeurtenis is.

In 2019 kregen 14.000 mensen longkanker

Slechts 3.000 hiervan zullen in 2024 in leven zijn (19% overlevingspercentage na vijf jaar). Longkanker is niet besmettelijk, maar vraagt jaar in jaar uit veel van de gezondheidszorg. Elke dag overlijden er in Nederland 128 mensen aan kanker. Na de diagnose darmkanker is de kans om na vijf jaar nog in leven te zijn ongeveer 60%. Voor borstkanker is de kans om vijf jaar na diagnose nog in leven te zijn ongeveer 85%, veel gunstiger dan voor longkanker.

DR P.A.J. HOLST

Nederland, België en het Verenigd Koninkrijk hebben de hoogste longkankersterfte van alle landen in Europa.

Naast roken zijn de hobby en het kweken van tropische vogels de oorzaak van deze oversterfte.

• Meer longkanker in Nederland, België en het Verenigd Koninkrijk. Deze drie landen hebben het grootste aandeel in de internationale handel en import van tropische vogels via respectievelijk Amsterdam Schiphol, Brussel Zaventem en London Heathrow.

Transport tropische vogels via Amsterdam Schiphol

DR P.A.J. HOLST

Vogeltentoonstellingen en vogelkwekers zorgden voor een explosieve groei van deze populaire hobby

Sinds de slavenhandel en slavernij 150 jaar geleden werden afgeschaft, werden internationale handel in tropische gezelschapsdieren, internationale mensenhandel, wapenindustrie en drugshandel de meest winstgevende vormen van handel. Wereldwijd worden jaarlijks naar schatting 40.000 primaten, 4 miljoen exotische vogels, 640.000 reptielen en 350 miljoen tropische vissen levend verhandeld. De handel in exoten wordt geschat op een industrie van $ 6 miljard.

Uit mijn promotieonderzoek is gebleken dat het houden en kweken van tropische vogels vooral een hobby is van jonge gezinnen. De verhouding tussen fokkers en het totaal aantal vogelhouders is ongeveer 1: 6. De organisatiegraad van de grote vogelkwekers in Nederland is in hoge mate te danken aan deelname aan de kweekwedstrijden. Publieke shows, die meerdere keren per jaar werden gehouden, maakten de hobby in de twintigste eeuw steeds populairder. Wanneer duiven samen worden gehouden met tropische vogels, komen Chlamydia-infecties vaker voor.

SAVE OUR SELVES EN BESCHERM ONZE PLANEET AARDE

In Nederland waren in 1984 7,5 miljoen vogels in huishoudens. De American Veterinary Medicine Association (AVMA) telde in 2007 11-16 miljoen gezelschapsvogels en exotische vogels in de Verenigde Staten. In Frankrijk waren in 2010 6 miljoen gezelschapsvogels in het bezit van huishoudens In België moet elke gefokte vogel voorzien zijn van een ring met een nummer waaraan de eigenaar de fokker kan identificeren. In 2011 registreerde de Vereniging Ornithologie de Belgique (AOB) 249 ornithologische verenigingen. Exotische vogels zoals grotere papegaaien, ara's of kaketoes worden legaal of illegaal verhandeld vanuit Azië of Zuid-Amerika.

Tropische vogels werden laat in de geschiedenis naar de Oude Wereld gebracht. Na de kolonisatie van Zuid-Amerika en de Caraïben werden steeds grotere aantallen als trofeeën meegenomen. Alleen met de toename van het scheepvaartverkeer en de luchtvracht konden tropische vogels gemakkelijk worden geïmporteerd en verhandeld in Europa. De grootste epidemie van psittacosis vond plaats in 1929-1930 na de import van besmette papegaaien uit Argentinië naar Europa. Honderden mensen werden ernstig ziek en 20% stierf na een acute fulminante ziekte. Aanvankelijk werden in veel landen strenge invoerbeperkingen opgelegd. Niet veel later werden papegaaien weer massaal geïmporteerd.

DR P.A.J. HOLST

Vogelshows en vogelkwekers zorgden voor een explosieve groei van dit populaire tijdverdrijf. De huisvesting van tropische vogels in West-Europa heeft geleid tot de aanpassing van het psittacosis "virus", eerst in de koppels van de duivenfokkers die vaak ook tropische vogels hielden. Bij veel kwekers van tropische vogels paste het 'psittacosis-virus' zich aan en was de ziekte die bij mensen optrad minder hevig. De Chlamydia pneumoniae heeft zich aangepast in West-Europa en de epidemie van vogelgriep (ornithose) en Chlamydia pneumoniae waren hiervan het gevolg. Chlamydia-pneumonie is zo aangepast dat dit micro-organisme nu ook via de luchtwegen van mens op mens overgaat en nu zo wijdverbreid in de samenleving is dat 98% besmet is. Herhaalde infecties met Chlamydia, die vooral voorkomen bij vogelkwekers en vogelhouders, veroorzaken chronische luchtwegaandoeningen en longkanker bij de mens.

Van 1-4-1985 tot 1-1-1987 waren 49 patiënten met longkanker jonger dan 65 jaar in het onderzoek in ziekenhuizen in Den Haag. Hiervan hadden 21 (43%) kleincellige longkanker. Van deze patiënten hadden 14 (67%) 5-14 jaar voor de diagnose kleincellige longkanker vogels in huis. Deze vorm van longkanker heeft de geringste overlevingskans. De overlevingskans na vijf jaar is slechts 8%.

SAVE OUR SELVES EN BESCHERM ONZE PLANEET AARDE

Waarom zoveel longkanker in Noord-Brabant?

Roken is gevaarlijk, maar gevaarlijker in België, Nederland en het Verenigd Koninkrijk. Vooral in het oosten van Noord-Brabant in de omgeving van Tilburg is het gevaarlijkst om te roken. Komt dit door het carnaval of komt dit door het hogere stof- en bacteriegehalte van de lucht bij de vele varkensmesterijen en binnenshuis bij de vele vogelfokkers?

Georganiseerde vogelkwekers per 1-1-1984 per provincie

Noord Brabant (aantal mannen 1.054.281) 23.009 (2.2%)
Zuid Holland (1.539.994) 15.612 (1%)
Gelderland (859.840) 14.638 (1.7%)
Limburg (540.669) 12.426 (2.3%)
Overijssel (519.800) 10.096 (1.9%)
Noord Holland (1.123.305) 8.973 (0.8%)
Utrecht (454.452) 6.966 (1.5%)
Friesland (269.902) 5.223 (1.9%)
Zeeland (176.736) 5.046 (2.9%)
Groningen (278.747) 4.952 (1.8%)
Drenthe (213.472) 3.726 (1.7%)
Nederland (aantal mannen 7.067.198) 110.667 (1.6%)

De meeste vogelverenigingen en georganiseerde vogelhouders zijn te vinden in Limburg en Noord-Brabant, vooral in Tilburg. Het aantal georganiseerde vogelkwekers van de Nederlandse Vereniging van Vogelliefhebbers groeide van 1.400 in het jaar 1940 tot 45.800 in 1984.

DR P.A.J. HOLST

Sterfte aan luchtpijp- en longkanker '90-'97
gestandaardiseerd naar leeftijd en geslacht, per GGD-regio
CMF
< 80
80 - 95
95 - 105
105 - 120
> 120
Bron: CBS; gegevens bewerkt door RIVM
rivm

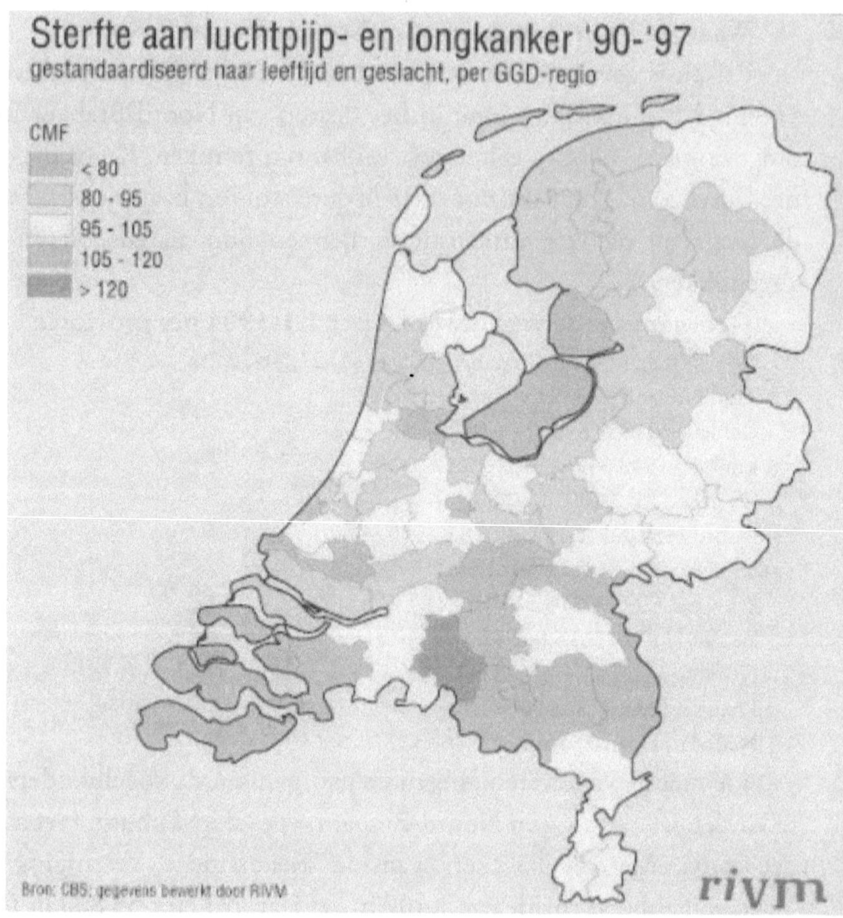

SAVE OUR SELVES EN BESCHERM ONZE PLANEET AARDE

Er zijn regionale verschillen in sterfte aan longkanker bij mannen in Nederland. De landelijke provincie Noord-Brabant had in 1984 de hoogste longkankersterfte. Deze provincie telt drie steden onder de acht grootste gemeenten met de hoogste longkankersterfte in Nederland. Tilburg en Maastricht hadden in de jaren 1969-1978 de hoogste longkankersterfte van de acht grootste gemeenten (CBS 1980). Tilburg had ook de hoogste sterfte in 1984 en van 1990 tot 1997 (CBS, RIVM).

Longkankersterfte (per 100000 mannen per jaar) in verschillende Nederlandse provincies en grote gemeenten
1969 -1978 1984

		1969-1978	1984
Noord Brabant		91	114
	Tilburg	**117**	**131**
	Eindhoven	98	121
	Breda	98	117
Utrecht		89	109
Limburg		93	104
	Maastricht	**103**	92
Overijssel		75	104
Noord-Holland		95	104
	Haarlem	11	114
	Amsterdam	100	104
Zuid-Holland		92	103
	Rotterdam	102	123
	Leiden	99	102
Gelderland		77	102
Groningen		67	90
Friesland		62	89
Drenthe		60	88
Zeeland		60	86

Van1990 tot 1997 had Noord Brabant opnieuw de hoogste longkankersterfte in Nederland, en opnieuw Tilburg.

De incidentie van longkanker was in Nederland tot 1950 vrij laag. In 1950 stierven 1.179 mannen en 167 vrouwen aan deze ziekte. In 1983 was het aantal gestegen tot 7.104 mannen en 800 vrouwen.

SAVE OUR SELVES EN BESCHERM ONZE PLANEET AARDE

Chlamydia-pneumonie (Cpn) veroorzaakt longkanker

Langetermijnstudies met sigarettenrookmachines, bij hamsters, honden en apen, lieten geen statistisch significante toename van kwaadaardige tumoren in de luchtwegen zien, hoewel zeer lange blootstelling en hoge doses rook werden gebruikt (Coggins CR 2001). Deze inhalatiestudies werden uitgevoerd zonder bijkomende luchtweginfectie van de proefdieren. De tabaksindustrie heeft de onderzoeken lange tijd aangehaald als bewijs van geen toename van longkanker door roken.

Een diermodel voor longkanker werd ontwikkeld door herhaalde injectie van Chlamydia-pneumoniebacteriën in de luchtwegen bij laboratoriumratten, met of zonder de meest kankerverwekkende component van de sigaret benzo (a) pyreen (Chu DJ 2012). Door de combinatie van benzo(a)pyreen en de bacterie van de tropische vogelgriep in de spray ontwikkelde 44% van de laboratoriumratten longkanker. De gecombineerde factoren roken en chronische Cpn-infectie hebben effecten op elkaar en leiden tot een sterk verhoogd risico op longkanker.

Chu DJ, Guo SG, Pan CF, Wang J, Du Y, Lu XF, Yu ZY (2012) An experimental model for induction of lung cancer in rats by Chlamydia pneumoniae. Asian Pac J Cancer Prev. 2012; 13 (6): 2819-22

Gunstige resultaten van gecombineerde therapie van azitromycine met de chemotherapie bij niet-kleincellige longkankerpatiënten

Hoewel er voortdurend nieuwe chemotherapeutische geneesmiddelen worden toegepast, is hun werkzaamheid voor niet-kleincellige longkanker (NSCLC) nog steeds niet bevredigend.

In de afgelopen jaren hebben epidemiologische onderzoeken aangetoond dat longkanker kan worden veroorzaakt door een chronische infectie met Chlamydia-pneumonie (Cpn). Deze studie (Chu DJ 2014) van azitromycine, vaak gebruikt voor de behandeling van Cpn-infecties, gecombineerd met de chemotherapeutica paclitaxe en cisplatine bij stadium III-IV NSCLC-patiënten, behaalde gunstige resultaten in termen van bijwerkingen en algehele overleving.

Hoe zijn infecties gerelateerd aan longkanker?

De kleinste bacteriën als Chlamydia en retrovirussen zijn gerelateerd aan het ontstaan van longkanker. De helft van de biomassa op aarde bestaat uit monomeren. Eencellige organismen zoals bacteriën, gistcellen, amoeben en virussen verdelen zich eindeloos. Tumorcellijnen delen deze eigenschap. Meercellige organismen hebben deze eigenschap alleen in hun stamcellen en geslachtscellen. Alle andere cellen sterven na ongeveer 50 celdelingen.

SAVE OUR SELVES EN BESCHERM ONZE PLANEET AARDE

Van de eencellige organismen zijn de kleinste sporenvormende bacteriën zoals Chlamydia en virussen obligate cel parasieten. Ze zijn het meest succesvol en efficiënt in de reproductie van hun genoom (Clark 1996). Dat neemt niet weg dat ze eerst een levende cel moeten infecteren. Wanneer Chlamydia de epitheelcellen van de bronchus binnendringt, blijven ze latent en persistent. Wanneer ze integreren in het genoom van de basale epitheelcel, kunnen ze leiden tot de ontwikkeling van een tumorcel. Na ongeveer 30 tumorceldelingen is er een tumor waarneembaar. Deze processen duren minimaal 10-15 jaar.

Chlamydia pneumoniae bleek serologisch geassocieerd te zijn met longkanker (Laurila 1997; Koyi 1999; Jackson 2000)

Laurila et al. vond chronische Chlamydia pneumoniae-infectie bij 52% van de longkankerpatiënten (n=230) en bij 45% van de controles. De incidentie was vooral verhoogd bij mannen jonger dan 60 jaar (3 keer vaker dan bij de controlegroep), maar niet bij mannen ouder dan 60 jaar.

Jackson et al. vond ook een verhoogd risico op longkanker bij proefpersonen jonger dan 60 jaar met een eerdere infectie met Chlamydia pneumoniae, maar niet bij oudere proefpersonen.

NB Het kweken van tropische vogels is vooral een hobby van jonge gezinnen.

DR P.A.J. HOLST

Resultaten met de behandeling van maligne lymfomen

Maligne lymfomen werden behandeld met tetracycline (doxycycline) en hun verdwijning ging gepaard met de uitroeiing van de in de cellen gedetecteerde Chlamydia-pneumonie bacterie (Ferreri AJ 2006). Chlamydia psittaci (Cp), de bacterie van psittacosis, is vaak aangetoond bij kwaadaardige lymfomen. De bacterie is in het tumorweefsel aangetoond, eruit gehaald en celkweken gemaakt. Door behandeling met doxycycline (tetracycline) worden kwaadaardige lymfomen genezen (Ferreri AJ 2012). Behandeling met doxycycline (tweemaal daags 100 mg) gedurende zes maanden verdwenen de kwaadaardige lymfomen bij 64% van de patiënten.

De Chlamydia-bacterie heeft geen celwand en is, net als virussen, volledig afhankelijk van slijmvliescellen in de luchtwegen. Door een lichaamscel binnen te gaan, komen de bacteriën tot leven. Dan kopieert het zichzelf. Uiteindelijk verlaten honderden nieuwe bacteriën de cel en verspreiden zich verder in de luchtwegen en het lichaam. Eenmaal in de gastheercel is Chlamydia niet gevoelig voor penicilline. Tetracycline komt in de besmette lichaamscellen terecht door diffusie langs membraanporiën. Eenmaal in de cel remmen tetracyclines en doxycycline het interne cel metabolisme, de DNA- en eiwitsynthese, waardoor de Chlamydia cel parasieten geen nieuwe eiwitten kunnen produceren voor groei en vermenigvuldiging.

Luchtvervuiling binnenshuis

Aanzienlijk verhoogde stofniveaus worden gemeten in huishoudens waar vogels worden gehouden. Fijnstof met een diameter van 2,5 micron of minder is het belangrijkste gezondheidsrisico van (binnen)luchtverontreiniging. Het aantal deeltjes van ongeveer 2 micron neemt toe in huishoudens die vogels houden. Door overmatige slijmproductie is er bij rokers meer drainage van longblaasjes dan bij niet-rokers. Hierdoor wordt de stof- en antigeenbelasting verplaatst van de longblaasjes naar de kleinere luchtslangen in de vogelhouder die rookt.

- **De kleinere bronchiën zijn de voorkeurslocatie van longkanker**

Zowel het roken als het houden van vogels is uiteindelijk verantwoordelijk voor het slecht functioneren van de "longreinigingsdienst" en een tekort aan immuun eiwitten. Het resultaat is minder bescherming van de longslijmvlies cellen tegen voortdurend allergeen en fijn materiaal dat neerslaat op de dunne slijmlaag van de kleinere luchtpijpen. De meeste longtumoren ontstaan in de kleinere luchtpijpen, op enige afstand van de longblaasjes, waar in eerste instantie gassen en stofdeeltjes circuleren.

De impact van luchtvervuiling op de gezondheid.

Smog kan grote hoeveelheden giftige en schadelijke stoffen vervoeren en diep in de longen en de bloedsomloop doordringen via de luchtwegen, waardoor de menselijke gezondheid wordt aangetast. De Global Burden of Disease Study 2010 rangschikte fijnstof als de 8e grootste doodsoorzaak ter wereld, als we kijken naar de geschatte sterfgevallen die toe te schrijven zijn aan de onafhankelijke effecten van 67 risicofactoren. In China zou deze ranglijst kunnen oplopen tot de 4e, goed voor ongeveer 1,2 miljoen vroegtijdige sterfgevallen in 2010. De Big Smog van 1952 in Londen veroorzaakte ongeveer 12.000 doden in vijf dagen. Kolen gestookt in fornuizen en fabrieken waren de oorzaak.

PM2,5, gedefinieerd als fijn stof met een aerodynamische diameter van 2,5 micrometer of minder, is het belangrijkste gezondheidsrisico van smog.

PM 2.5 dringt door zijn geringe omvang diep door in de longen via de luchtwegen en irriteert en corrodeert de alveolaire wand. De resulterende verminderde longfunctie zal zich uiten in hoesten, piepende ademhaling, ademhalingsstoornissen en andere symptomen, en het risico op bronchiale astma, chronische obstructieve longziekte (COPD), emfyseem en andere aandoeningen van de luchtwegen verhogen.

Enorme toename vleesproductie in het Westen

De toename van de vlees- en zuivelproductie in het Westen kon alleen worden bereikt met kunstmatige inseminatie van zoogdieren en het eenzijdig vetmesten van de dieren met sojameel, maïs en vismeel.

Kunstmatige inseminatie van varkens bij de intensieve veeteelt

- Het ongebreideld fokken van dieren, door kunstmatige inseminatie van runderen en met broedmachines voor pluimvee, heeft een verwoestend effect op onze gezondheid, natuur en klimaat.
- Fastfood, onnatuurlijke voeding en vleesconsumptie leiden tot obesitas, vitaminetekorten, chronische ziekten en vroegtijdige sterfte.
- Kanker is nu de belangrijkste oorzaak van vroegtijdig overlijden.

Varkens

Speenvarkentjes

Konijnen

Koeien

Kalveren

Geiten

Lammetjes

Leghennen

Zoogdieren en kippen voor de slacht Plofkippen

Civetkatten

Nertsen

Vleermuizen

Bergmarmotten

Chimpansees

Dromedarissen

Wildlife

Walvissen

De mens neemt alle ruimte op aarde in beslag, de meeste slachtdieren worden kunstmatig bemest en vetgemest in stallen of kooien.

SAVE OUR SELVES EN BESCHERM ONZE PLANEET AARDE

Vóór 1950 bezocht de bullrunner met een stier de boerderijen om de koeien te bevruchten.

45

Wat zijn de risico's van een hogere vleesproductie?

Bij dierenartsen is een verhoogde sterfte aan hersentumoren waargenomen (Blair A). Dierenartsen en K.I. assistenten doen veel vaginaal inwendig onderzoek bij koeien en raken hierdoor besmet met het boviene leukemievirus. Overdracht van het boviene leukemievirus (BLV) via de baarmoeder en het geboortekanaal tijdens de bevalling, speelt een cruciale rol in de verspreiding en persistentie van BLV-infectie bij runderen.

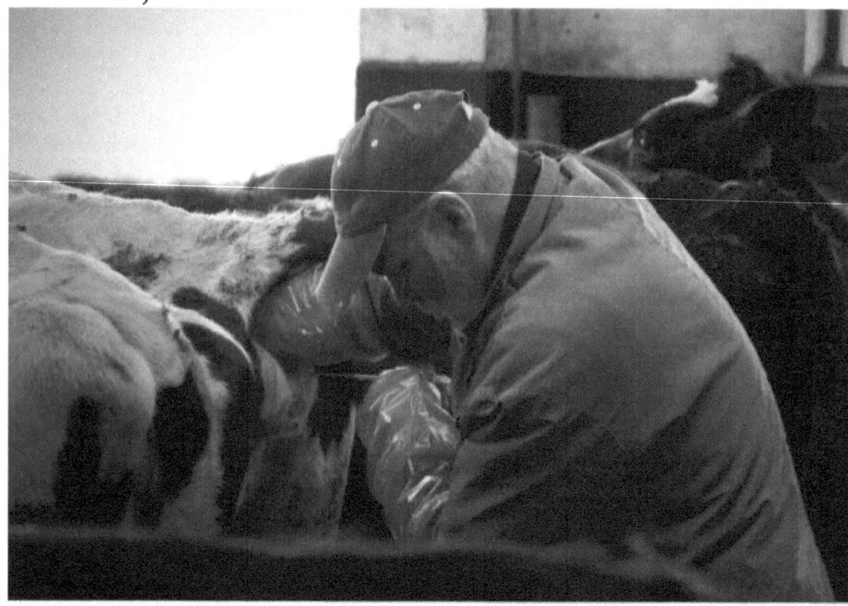

Dierenartsen en KI-medewerkers komen in hun werk in aanraking met het boviene leukemievirus (BLV), een kankerverwekkend virus. Runder leukemie is een economisch belangrijke infectie van melkvee wereldwijd.

SAVE OUR SELVES EN BESCHERM ONZE PLANEET AARDE

De aanwezigheid van infecties in Canadese melkveestapels is hoog en neemt nog steeds toe. Zeventig procent van de kuddes werd geïdentificeerd als BLV-positief (een of meer positieve dieren).

Nekouei O, VanLeeuwen J, Sanchez J, Kelton D, Tiwari A, Keefe G Herd-level risk factors for infection with bovine leukemia virus in Canadian dairy herds. Prev Vet Med. 2015; 119 (3-4)

De sterfgevallen van 5.016 dierenartsen werden onderzocht en vergeleken met die van de algemene Amerikaanse bevolking. De sterftecijfers waren significant verhoogd door kwaadaardige lymfomen en leukemie, colon, hersenen en huid. Er werd minder sterfte gevonden voor maag- en longkanker.

Blair A, Hayes HM Jr. (1982) Mortality patterns among US veterinarians, 1947-1977: an expanded study. Int J Epidemiol. 1982 Dec;11(4):391-7.

Het verhoogde risico op slokdarm-, colon-, hersen- en pancreaskanker en melanoom bij dierenartsen in Zweden kon niet worden verklaard door de sociaaleconomische status van dit beroep. Beroepsmatige blootstelling aan kankerverwekkende virussen bij vee zijn mogelijke bronnen.

Travier N, Gridley G, Blair A, Dosemeci M, Boffetta P. Cancer incidence among male Swedish veterinarians and other workers of the veterinary industry: a record-linkage study. Cancer Causes Control. 2003 (6):587-93.

Koeien worden na de geboorte van de kalveren voortdurend opnieuw bevrucht door kunstmatige inseminatie, zodat hun melk nooit stopt met stromen.

Kunstmatige inseminatie (KI) bij koeien werd in 1935 in Friesland geïntroduceerd. Het sperma van de stier wordt ingevroren in "rietjes" en vervolgens door een dierenarts of KI-assistent in het dier gebracht. Kalveren worden kort na de geboorte bij hun moeder weggehaald.

Hun kalveren groeien op tot melkkoeien of worden gefokt voor kalfsvlees. Voor de productie van melk en kaas moet de moederkoe zoveel mogelijk kalveren baren. Melk-, kaas- en vleesproductie zijn onlosmakelijk met elkaar verbonden.

Rauwe ei-eiwitten en rauwe melkproducten

Industrieel bewerkte voeding bevat een groot aandeel vloeibare kippenei-eiwitten die in sommige gevallen niet voldoende verhit worden verwerkt. Eieren worden op crushers geslagen, dooier en eiwit worden gescheiden, eierschalen en hagelslierten worden door filters verwijderd en het eiwitproduct wordt verhit tot 56 ° Celsius.

SAVE OUR SELVES EN BESCHERM ONZE PLANEET AARDE

In Nederland (1983) werd 20.000 ton vloeibaar kippeneiwit geproduceerd voor de industrie, marginaal gepasteuriseerd, soms onvoldoende verhit. De banketbakker verwerkt een groot aantal producten die eieren bevatten. Dit kunnen de gepasteuriseerde eiwitten zijn, of hij verwerkt verse eieren. De "blanken" worden opgevangen in een speciale container. Huisvrouwen komen ook wel eens in aanraking met rauwe ei-eiwitten bij het maken van cakebeslag of desserts thuis. Of als ze de rauwe ei-eiwitten opkloppen.

Rauwe ei-eiwitten worden verwerkt in:

SUIKERGLAZUUR rauwe eiwitten met poedersuiker

ROOM FONDANT rauwe eiwitten met boter, suiker en likeur

OMELET SIBÉRIEN rauwe eiwitten met suiker

BAVAROIS rauw eiwit met suiker, room, gelatine, fruit

ICE CREAM rauw eiwit met suiker, melk en room.

En in:

STEAK TARTAR met een rauw ei

Rauwe melkproducten

Rauwe melk is melk van koeien, schapen of geiten die niet gepasteuriseerd is om schadelijke bacteriën en virussen te doden. Rauwe melk en kaas gemaakt van rauwe melk bevatten ook rauwe eiwitten en kunnen schadelijke bacteriën en virussen bevatten.

Werknemersrisico's in de pluimvee-industrie

Kankerverwekkende virussen worden gevonden en veroorzaken tumoren bij kippen en kalkoenen. Een aantal zijn dragers en verspreiders van deze virussen. Virus is aangetoond in kippenproducten en eieren, dus blootstelling aan mensen is universeel en bijna onvermijdelijk. Deze virussen zijn niet erg besmettelijk, maar hebben toch het vermogen om menselijke cellen te infecteren en te transformeren. Antilichamen tegen aviaire leukemievirussen (ALV) en reticulo-endotheliale virussen (REV) zijn aangetroffen in bloedsera van werknemers in pluimveeslachterijen. Sterfte aan kanker is onderzocht bij 20.132 werknemers in pluimveeslachterijen en verwerkingsfabrieken, een groep met de hoogste menselijke blootstelling aan deze virussen. Aanzienlijk verhoogde risico's werden waargenomen bij pluimveewerkers als geheel of in subgroepen, voor verschillende vormen van kanker: kanker van de mond en keelholte; alvleesklier; luchtpijp / bronchus / long; brein; baarmoederhals; lymfatische leukemie; monocytaire leukemie; en tumoren van de bloedvormende en lymfatische systemen.

Metayer C, Johnson ES, Rice JC (1998) Nested case-control study of tumors of the hemopoietic and lymphatic systems among workers in the meat industry. Am J Epidemiol 147(8):727-38

Johnson ES, Ndetan H, Lo KM (2010) Cancer mortality in poultry slaughtering / processing plant workers belonging a union pension fund. Environ Res 110(6):588-94

SAVE OUR SELVES EN BESCHERM ONZE PLANEET AARDE

Hersenkanker komt vaker voor bij pluimveehouders die betrokken zijn bij het doden van kippen. Het doden van kippen ging gepaard met een bijna zesvoudige toename van het risico op hersenkanker. Werknemers in pluimveeslachterijen en verwerkingsbedrijven verwerken vaak dagelijks duizenden kippen, komen in contact met vlees, organen en bloed van pluimvee en lopen het risico op verwondingen die een weg vormen voor virussen en andere microbiële stoffen om het lichaam binnen te dringen. Ze werken ook voor langere tijd in besloten ruimtes, wat het risico op het inademen van microben verhoogt. Virussen waarvan bekend is dat ze kanker veroorzaken bij pluimvee, kunnen verantwoordelijk zijn voor de verhoogde incidentie van kanker bij pluimveehouders die kippen doden.

Gandhi S, Felini MJ, Nidetan H, Cardarelli K, Jadhav S, Faramawi M, **Johnson ES** (2014) A pilot case cohort study of brain cancer in poultry and control workers. Nutr Cancer.

Professor ES Johnson, een epidemioloog aan de Universiteit van Fort Worth, Texas, heeft tot op heden de enige test ontwikkeld en gepatenteerd die de aanwezigheid van kankerverwekkende virussen in het genoom van tumorcellen van werknemers met deze kankers kan detecteren.

Hoe worden dieren gevoerd bij de intensieve veeteelt?

Ansjovis uit het zuidoosten van de Stille Oceaan wordt als veevoer verkocht aan fabrieksboerderijen in Europa. Ongeveer een derde van de totale vangst wordt gevoerd aan consumptiedieren, voornamelijk gekweekte vis, varkens en kippen. Europese vissers zijn verplicht om tegen 2020 alle bijvangsten aan land te brengen. Naast de bijvangsten produceert de visverwerkende industrie ook een aanzienlijke hoeveelheid herbruikbaar afval, zoals huiden, botten, vissenkoppen en inwendige organen. Vismeel kan ontstaan door hydrolyse van de vis uit de bijvangsten en visresten, waar een grote behoefte aan is. Vooral bij de viskwekerijen in de Middellandse Zee.

Tonijn, zalm, runderen, varkens en kippen groeien sneller en worden vetter door vismeel. Er kan meer winst worden behaald en de tijd tot slachten wordt verkort. Voor de productie van visolie en vismeel is de afgelopen decennia zo'n 20-30 miljoen ton vis, ansjovis, haring, makreel en sprot uit de zuidoostelijke Stille Oceaan verwijderd.

1000 jaar terug in Europa, veroorzaakte de bevolkingstoename de achteruitgang van zoetwatervisserij en gingen de vissers voor het eerst in grotere aantallen de oceanen bevissen. Vijfhonderd jaar geleden was het de achteruitgang van de kustvisserij die de diepzeetrawlvisserij deed ontstaan. Wereldwijd wordt jaarlijks 20 miljard subsidie verleend: 6,3 miljard wordt alleen besteed aan subsidies voor brandstof, 8 miljard extra gaat naar het onderhoud van de grote havens.

De kleine visserij verbruikt 75% minder energie om dezelfde hoeveelheid vis te vangen, is milieuvriendelijker en biedt werk aan veel meer mensen.

Megaboerderijen met alleen koeien, kalveren, varkens of kippen voeren de dieren met sojameel, vismeel en lage doses antibiotica om de dieren sneller vet te mesten en meer winst te maken. Hierdoor is het dierlijk vetgehalte van biefstuk, varkensvlees en kippenvlees drastisch gestegen.

Ziekten op latere leeftijd door fastfood te consumeren

Na de overgang naar een meer geïndustrialiseerd dieet, hamburgers, suikerhoudende dranken en fastfood in deze landen, werd in verschillende delen van de wereld een verhoogde consumptie van energie, dierlijke eiwitten, dierlijke vetten en rood vlees waargenomen. Met meer dan 225 miljoen mensen met overgewicht in 2016 heeft de VS het grootste aantal mensen met overgewicht ter wereld. De VS exporteren deze ongezonde eetgewoonten ook over de hele wereld. Slechtere voeding is de belangrijkste oorzaak van ziekten en mortaliteit in de Verenigde Staten. Met een gemiddelde levensverwachting van 78,1 jaar komen de Verenigde Staten slechts op nummer vijftig van de wereldranglijst, ondanks dat het de rijkste natie ter wereld is met de meest geavanceerde medische technologie. Nederland doet het iets beter met een gemiddelde levensverwachting van 79,2 jaar, doch minder dan de meeste andere Europese landen. Zelfs ondanks het alarmerend hoge zelfmoordcijfer in het land leven Japanners gemiddeld 82,1 jaar.

Ziekten die verband houden met voeding zijn de belangrijkste doodsoorzaken in de Verenigde Staten, en overtreffen zelfs het roken als oorzaak van voortijdige sterfte.

SAVE OUR SELVES EN BESCHERM ONZE PLANEET AARDE

Het aantal mensen met overgewicht of obesitas nam tussen 1990 en 2016 toe. Slechte voeding droeg bij aan 14 procent, terwijl roken goed was voor 11 procent. Obesitas en hoge bloeddruk waren respectievelijk goed voor 11 en 8 procent. De nummer één doodsoorzaak in Amerika is het Amerikaanse dieet.

Wanneer mensen verhuizen van landen met een laag naar een hoog risico, veranderen hun ziektecijfers bijna altijd naar die van de nieuwe omgeving. Nieuw dieet, nieuwe ziekten. Maar het omgekeerde is ook waar. Als we het standaard Amerikaanse dieet eten en overschakelen naar een dieet met meer plantaardig voedsel, zoals fruit en groenten, kan dit uw risico verlagen.

Kanker is nu de meest voorkomende doodsoorzaak in West-Europa, vaker dan chronische obstructieve longziekte (COPD), hart- en vaatziekten en diabetes (IHD). Terwijl de sterftecijfers voor COPD en IHD dalen als gevolg van verbeterde gezondheidszorg, zijn de sterftecijfers voor kanker gestegen. De consumptie van dierlijke vetten en eiwitten is sinds de vorige eeuw flink toegenomen. De productie van vlees(producten), pluimvee, varkensvlees en ander vlees is tussen 1980 en 2010 verdrievoudigd en zal tegen 2050 naar verwachting nog een keer verdubbelen. Op dit moment worden jaarlijks 70 miljard landbouwhuisdieren gefokt voor voedsel.

Naarmate we ouder worden, merken we welke ongezonde leefgewoonten bezit van ons hebben genomen. Het lichaam vernieuwt zichzelf voortdurend door de ingenomen voeding en binnen een paar jaar worden alle cellen en weefsels voortdurend volledig opnieuw opgebouwd. Met de leeftijd is de keuze voor dierlijke of plantaardige eiwitten en vetten in de dagelijkse voeding van groot belang voor de bescherming tegen chronische ziekten en kanker. Hart- en vaatziekten, obesitas en ongecontroleerde groei van ontspoorde cellen zijn het gevolg van een teveel aan dierlijke eiwitten en vetten in de dagelijkse voeding. Het kippenleukemievirus en het runderleukemievirus in onze voedselketen zijn gerelateerd aan veelvoorkomende kankers. De tijd zonder symptomen is 50% - 70% van de totale groei van een tumor en kanker openbaart zich meestal op latere leeftijd.

In Japan en Korea begon de grootschalige invoer van rund- en varkensvlees na de Tweede Wereldoorlog, respectievelijk na de Koreaanse Oorlog. In 1970 werd in Japan en 1990 in Korea een sterke toename van het aantal darmkanker waargenomen. Consumptie van gebakken rundvlees (o.a. shabu-shabu, Koreaanse yukhoe en Japanse yukke) werd in beide landen erg populair.

SAVE OUR SELVES EN BESCHERM ONZE PLANEET AARDE

Een specifieke vleesfactor, vermoedelijk een of meer thermoresistente kankerverwekkende rundervirussen (bijvoorbeeld polyoma-, papilloma- of enkelstrengs DNA-virussen), kan het rundvlees besmetten en leiden tot lang aanhoudende infecties in het darmkanaal.

Zur Hausen H (2012) Red meat consumption and cancer: reasons for suspect involvement or bovine infectious factors in colorectal cancer. Int J Cancer. 2012 Jun 1; 130 (11): 2475-83

In Oost-Azië is de afgelopen decennia een toegenomen consumptie van energie, dierlijk vet en rood vlees opgetreden. Gegevens over sterfte aan borstkanker, dikke darm, prostaat, slokdarm en maagkanker voor China (1988-2000), Hong Kong (1960-2006), Japan (1950-2006), Korea (1985-2006) en Singapore (1963-2006) zijn verkregen van de WHO. In de geselecteerde landen werd een merkbare toename van de sterftecijfers van borst-, colon- en prostaatkanker en een afname van slokdarm- en maagkanker in de onderzoeksperioden waargenomen. Zo bedroeg de jaarlijkse procentuele stijging van de sterfte aan borstkanker in de periode 1985-1993 in Korea 5,5% en stegen de sterftecijfers voor prostaatkanker van 1958 tot 1993 in Japan met 3,2% per jaar.

Deze veranderingen in kankersterfte volgden ongeveer 10 jaar na de overgang naar meer industrieel bereid voedsel, hamburgers, suikerhoudende dranken en fastfood in deze landen.

Zhang J, Dhakai IB, Zhao Z, Li L (2012) Trends in mortality from cancers of the breast, colon, prostate, esophagus, and stomach in East Asia: role of nutrition transition. Eur J Cancer Prev 2012 Sep; 21 (5): 480-9

De sterftecijfers voor prostaatkanker zijn in Japan na de Tweede Wereldoorlog dramatisch (25x) gestegen. Na de oorlog nam de melkconsumptie met 20x toe, van vlees 9x en van eieren 7x. Melk bevat grote hoeveelheden oestrogenen plus eiwitten en verzadigde vetten. De recente toename van het gebruik ervan is waarschijnlijk de oorzaak van de toename van prostaatkanker in Japan.

Ganmaa D, Li XM, Qin LQ et al. The experience of Japan as a clue to the etiology of testicular and prostatic cancers. Med Hypotheses. 2003 May; 60 (5): 724-30

De inwoners van Tuvalu, Fiji, Samoa en de Cook Eilanden hebben massaal overgewicht. Volgens de Wereldgezondheidsorganisatie (WHO) behoren negen van de tien dikste landen ter wereld tot de eilanden in de Stille Oceaan. Tonga (4e, 90,8%), Samoa (6e, 80,4%) en de VS (9e, 74,1%). In sommige landen heeft tot 95 procent van de volwassen bevolking overgewicht. Het aantal mensen met obesitas, extreem overgewicht, varieert van 35 tot 50 procent.

SAVE OUR SELVES EN BESCHERM ONZE PLANEET AARDE

De Cookeilanden (90,9% overgewicht) staan op de derde plaats op de wereldranglijst. Iets meer dan de helft van de bevolking lijdt aan obesitas. Goedkoop in de fabriek verwerkt voedsel heeft het oorspronkelijke dieet van verse vis en groenten vervangen. Verse vis is relatief duur, met dit geld kun je meerdere hamburgermaaltijden kopen. Een flesje cola is hier goedkoper dan een flesje water. 75% van de mensen op Samoa heeft extreem overgewicht.

Recente toename van kanker

Darmkanker

Een verhoogd risico op colorectale kanker is al lang aangetoond bij de consumptie van onvoldoende verhit rood vlees. In Japan en Korea werd na de Tweede Wereldoorlog en de Koreaanse Oorlog op grote schaal rundvlees en varkensvlees geïmporteerd. Na 1970 werd in Japan en na 1990 in Korea een sterke stijging van het aantal patiënten met darmkanker waargenomen. De consumptie van onvoldoende verhit rundvlees (bijv. Shabu-shabu, Koreaanse Yukhoe en Japanse Yukke) werd in beide landen erg populair.

Virus als bron van darmkanker

Een specifieke rundvleesfactor, waarschijnlijk een hittebestendig kankerverwekkend rundervirus (DNA-virus: bijvoorbeeld polyoma, papilloma en RNA-virus: boviene leukemievirus BLV) kan het rundvlees besmetten en latente en aanhoudende darminfecties veroorzaken na menselijke consumptie (**Zur Hausen H 2012**).

Polyoma-virussen in hamburgers

In monsters van gehakt rundvlees zijn drie soorten polyomavirus aangetoond, die resistent zijn tegen barbecuetemperaturen en kankerverwekkend zijn voor hun natuurlijke gastheren. Vooral papilloma- en polyomavirussen zijn resistent tegen matig verhitte steak tartaar, waarbij centrale delen van het vlees niet boven 40 - 70 graden Celsius worden verhit. Deze virussen verdragen 30 minuten 80 graden Celsius zonder hun vermogen om infecties te veroorzaken te verliezen. Deze virussen worden ook onvoldoende geïnactiveerd tijdens de pasteurisatie van zuivelproducten (**Peretti A. 2015**).

Zuurresistente bacteriën en maagkanker

Twee Australische huisartsen realiseerden zich dat zuurvaste bacteriën de zure omgeving van de maag kunnen overleven, wat andere pathogene bacteriën niet kunnen. Ze ontdekten Helicobacter pylori, die een ernstige maagontsteking veroorzaakt. Toen werd ontdekt dat deze microben maagcarcinoom veroorzaken.

Lichtman MA A Bacterial Cause of Cancer: An Historical Essay. Oncologist. 2017 May;22(5):542-548

Peretti A, FitzGerald PC, Bliskovsky V, Buck CB, Pastrana DV Hamburger polyomaviruses. J Gen Virol 2015 Apr;96(Pt 4):833-9 https://www.ncbi.nlm.nih.gov/pubmed/25568187

Zhang J, Dhakai IB, Zhao Z, Li L Trends in mortality from cancers of the breast, colon, prostate, esophagus, and stomach in East Asia: role of nutrition transition. Eur J Cancer Prev 2012 Sep;21(5):480-9

Zur Hausen H (2012) Red meat consumption and cancer: reasons to suspect involvement of bovine infectious factors in colorectal cancer. Int J Cancer.130(11):2475-83

Borstkanker

Mensen worden blootgesteld aan kankerverwekkende virussen die vaak voorkomen bij dieren in de voedselketen, zoals leghennen, eieren, vleeskuikens en melkkoeien. Het aviaire leukemievirus (ALV) en boviene leukemievirussen (BLV) zijn RNA-virussen en zijn aangetoond in borstkankercellen.

Boviene Leukemie Virus (BLV) is aangetoond in borstkankercellen

Borstkanker en eierstokkanker waren zeldzaam in Japan, vergeleken met andere landen. De sterftecijfers nemen echter toe. Na de Tweede Wereldoorlog vonden veranderingen in levensstijl plaats in Japan. In de jaren 1947-1997 stegen de sterftecijfers van borst- en eierstokkanker 2- en 4-voudig, en de respectievelijke inname van melk, vlees en eieren 20, 10 en 7-voudig. De stijging van het sterftecijfer als gevolg van borstkanker en eierstokkanker kan worden toegeschreven aan de toegenomen consumptie van diervoeding na 1945.

SAVE OUR SELVES EN BESCHERM ONZE PLANEET AARDE

Waarschijnlijk zijn melk, zuivelproducten en eieren hiervan de oorzaak (**Buehring**). Koeien zijn vaak besmet met het boviene leukemievirus (BLV), een kankerverwekkend virus dat via de melk of tijdens de geboorte van de koe op het kalf kan worden overgedragen. De meeste besmette runderen lijken gezond en de infectie is hardnekkig. Consumptie van niet-gepasteuriseerde zuivelproducten, of kaas gemaakt van rauwe melk, of onvoldoende verhit rundvlees op de BBQ kan dit besmettelijke virus op de mens overbrengen. Ongeveer 38% van het vee, 84% van de melkveestapel en 100% van de veestapels in de VS zijn besmet met BLV. Minder dan 5% van deze runderen krijgt leukemie. Met deze aandoening worden de dieren niet toegelaten tot de Amerikaanse consumentenmarkt.

Het BLV-virus circuleert met de witte bloedcellen door het bloed van besmette runderen. Het BLV-virus infecteert ook de melkkliercellen van de koeien en geïnfecteerde cellen worden aangetroffen in koemelk (**Lanou AJ**). Pasteurisatie van koemelk maakt het BLV-virus onwerkzaam.

Buehring GC (2015) heeft aangetoond dat 39% van de mensen in een San Francisco Bay Area antilichamen tegen BLV in het bloed heeft, wat een indicatie is van blootstelling aan BLV. Bijna alle koemelk bevat BLV-boviene leukemievirus. In een onderzoek onder 213 vrouwen werd BLV-gerelateerd DNA gevonden in borstweefsel van vrouwen met de diagnose borstkanker, niet in borstweefsel van vrouwen zonder voorgeschiedenis van borstkanker.

Buehring GC, Shen HM, Jensen HM, Jin DL, Hudes M, Block G (2015) Exposure to Bovine Leukemia Virus Is Associated with Breast Cancer: A Case-Control Study. 2015 Sep. 2;10(9):e0134304

https://www.ncbi.nlm.nih.gov/pubmed/26332838

DR P.A.J. HOLST

Eierstok- en eileiderkanker bij leghennen

Eierstokkanker komt vaak voor bij leghennen (**Frederickson TN**). Om deze reden worden ze meestal na het eerste jaar geslacht. Op pluimveebedrijven worden legkippen niet ouder dan 24 maanden. Aviaire Leukemie Virus (leukose) is een retrovirus dat grote delen van de moderne pluimveehouderij infecteert en veel economische schade veroorzaakt. Het virus is aanwezig in kippen en eieren. De mens wordt hieraan blootgesteld. RNA-virussen zijn enkelstrengs eiwitten die zich niet nauwkeurig delen. Wanneer RNA-virussen zich binnen een gastheercel delen, maken ze veel kopieën die verschillen van het origineel. Sommige van deze kopieverschillen vergroten hun genetische variatie en overlevingskansen in de gastheer. Daarom, hoewel het vaak mogelijk is om een DNA-virusinfectie te voorkomen met een duurzaam vaccin, is het erg moeilijk, zo niet onmogelijk, om een duurzaam vaccin te maken voor een RNA-virus, vooral de RNA-retrovirussen. Hierdoor zijn RNA-virussen ook erg moeilijk te behandelen met medicijnen.

Muizen infecteren de graanvoorraad ook met een virus dat nauw verwant is aan borstkankervirussen (**Stewart TH**). Vrije uitloopkippen staan vaak buiten, waardoor de kans op besmetting door besmetting van voer op de grond door muizenkeutels groter is.

Stewart TH, Sage RD, Stewart AF, Cameron DW (2000) Breast cancer incidence highest in the range of one species of house mouse, Mus domesticus. Br J Cancer. 2000 Jan;82(2):446-51 https://www.ncbi.nlm.nih.gov/pubmed/10646903

SAVE OUR SELVES EN BESCHERM ONZE PLANEET AARDE

In de wintermaanden gaan muizen vaak naar pluimveebedrijven om voedsel te zoeken. Virus verspreidende muizen; besmetting van granen, kippenvoer en pluimvee; overdracht door geïnfecteerde kippen van virussen naar de eieren; verwerking van rauw, onvoldoende verhit eiwit in zoetwaren; zo komt het ALV-virus bij de mens terecht (**Pham TD**).

Rauwe eiwitten bevatten vaak leukemievirus (ALV en BLV)

Borst- en darmkanker worden niet veroorzaakt door het inademen van slechte lucht. Voor ziekteverwekkers in onze voeding zal eerder een causaal verband worden gevonden. Dierlijke eiwitten in melk en zuivelproducten, in vleesproducten en in ei-eiwitten dragen kankerverwekkende virussen. Verbeterde laboratoriumtechnieken leveren steeds meer bewijs. In totaal zijn 22.788 personen met lactose-intolerantie onderzocht, die geen melkproducten gebruikten, en vergeleken met mensen die wel melkproducten gebruikten. Het risico op long-, borst- en darmkanker bleek significant verminderd in de groep die geen melkproducten gebruikte. Het risico op long-, borst- en darmkanker bleek significant verminderd in de groep die geen melkproducten gebruikte.

Ji J, Sundquist J, Sundquist K Lactose intolerance and reduced risk of lung, breast and ovarian cancers: etiological clues from a population-based study in Sweden. Br J Cancer. 2015 Jan 6; 112 (1): 149-52

Borstkanker en eierstokkanker zijn het zoönose?

De waarneming dat kippen geïnfecteerd kunnen zijn met een nauw verwante vorm van het muizenborstkankervirus (MMTV) kan van epidemiologische betekenis zijn voor borstkanker bij de mens. Kippen en eieren kunnen door muizen worden besmet en op hun beurt het virus doorgeven aan mensen. De succesvolle infectie van menselijke cellen door MMTV is al aangetoond (**Indik S, 2007**). MMTV kan menselijke celculturen infecteren en deze bevinding biedt een mogelijke verklaring voor de ontdekking van MMTV bij patiënten met borstkanker. Het aantal borstkankers dat bij mensen voorkomt, verschilt geografisch. Geen enkele omgevingsfactor zou de variatie kunnen verklaren. De hoogste incidentie van borstkanker wereldwijd komt voor in landen waar Mus domesticus de inheemse of geïmporteerde huismuis is.

Stewart TH, Sage RD, Stewart AF, Cameron DW (2000) Breast cancer incidence highest in the range of one species of house mouse, Mus domesticus. Br J Cancer. 82(2):446-51

Borst stamcellen

Vrouwen die kinderloos zijn gebleven, hebben onrijpe borstcellen met stamcelactiviteit. Wanneer deze cellen geïnfecteerd raken met kankerverwekkend virus, leidt deze infectie tot ongecontroleerde celdeling.

SAVE OUR SELVES EN BESCHERM ONZE PLANEET AARDE

In de twintigste eeuw werd borstkanker ook wel 'de nonnenziekte' genoemd. Voldragen zwangerschappen verminderen het risico op borstkanker en hoe hoger het aantal zwangerschappen, hoe groter deze bescherming. Het risico op borstkanker neemt na elke voldragen zwangerschap met 7% af. Vrouwen die kinderen hebben gekregen, hebben een 30% lager risico dan kinderloze vrouwen. Borstkanker komt het meest voor bij kinderloze vrouwen en vrouwen rond de menopauze. De biologische achteruitgang van vrouwen begint rond de menopauze en gaat gepaard met een vermindering van de immuun functie van lichaamscellen. Verminderde cel afweer kan leiden tot de proliferatie van geïnfecteerde borstcellen.

Hoe groot is het verlies aan dier- en plantensoorten?

- In de afgelopen 50 jaar heeft homo sapiens 60% van de zoogdieren, vogels, vissen en reptielen in het wild uitgeroeid
- De mensheid heeft sinds het begin van de beschaving 83% van alle zoogdieren en de helft van de planten vernietigd.
- De jacht op wilde dieren in tropische bossen vermindert de populaties vogels en zoogdieren.

Onze voorouders hebben waarschijnlijk bushmeat geconsumeerd, wilde dieren die voor voedsel werden gedood. In de 20e eeuw heeft de commerciële jacht met vuurwapens en draadstrikken voor de levering van houtkap en concessies voor olie-exploratie langs nieuwe wegennetwerken de vangst in Centraal-Afrikaanse bossen echter dramatisch vergroot. Jaarlijks worden naar schatting 579 miljoen wilde dieren gevangen en geconsumeerd in het Congobekken, wat overeenkomt met 4,5 miljoen ton vlees, met de toevoeging van mogelijk 5 miljoen ton vlees van wilde zoogdieren uit het Amazonebekken. Tropische laaglandbossen bevatten 's werelds grootste biodiversiteit en kunnen daarom een reservoir van zoönotische ziektekiemen herbergen.

SAVE OUR SELVES EN BESCHERM ONZE PLANEET AARDE

De handel in wilde dieren in het algemeen genereert jaarlijks meer dan een miljard directe en indirecte contacten tussen mensen en gedomesticeerde dieren. Het brede scala aan weefsel- en vloeistofblootstellingen in verband met de jacht en slachting van de bushmeat industrie kan deze interacties met dieren in het wild bijzonder riskant maken. In Afrika worden maar liefst 30 verschillende soorten primaten bejaagd en verwerkt door de bushmeat-industrie.

- Een miljard mensen lijden honger, terwijl jaarlijks 70 miljard dieren worden vetgemest en opgegeten.

We kunnen de impact van de huidige niet-duurzame productiemodellen niet langer negeren.

Benítez-López A, Alkemade R, Schipper AM et al. The impact of hunting on tropical mammal and bird populations. Science 2017 356(6334):180-183

Bevolkingsgroei naar zeven, acht of negen miljard veroorzaakt voedseltekorten, ziektes en klimaatveranderingen door intensieve vleesproductie. Het grote aantal dieren dat opgesloten zit voor vleesconsumptie is het perfecte systeem als bron voor pathogene virussen zoals hoog pathogene influenza, corona virus en leukemievirus. De mensheid beweegt zich in dezelfde richting als de soorten die we hebben zien verdwijnen.

Hoe maken we een broeikas van de aarde?

• Elk jaar worden de gletsjers in Alaska honderden meters korter door het smelten van het ijs.

• In de VS stoten runderen ongeveer 5,5 miljoen m3 methaan uit, een gas dat 25 keer krachtiger is dan CO2.

SAVE OUR SELVES EN BESCHERM ONZE PLANEET AARDE

De veehouderij is verantwoordelijk voor minstens 14,5% en volgens sommige studies zelfs 51% van de door de mens veroorzaakte broeikasgassen.

CE Delft, Fraunhofer Institute for Systems and Innovation Research and LEI Wageningen. Behavioural climate change mitigation options and their appropriate inclusion in quantitative longer-term policy scenarios. Delft, January 2012

Al het leven is afhankelijk van de oceanen. De circulatie in de Noord-Atlantische Oceaan is vertraagd tot het laagste niveau in eeuwen. De vertraging van de Golfstroom verwoest de visserij en zal leiden tot een stijging van de zeespiegel. Jaarlijks worden grote hoeveelheden stikstof uit kunstmest en mest verdeeld over landbouwgrond. Ongetwijfeld verhoogt het de gewasopbrengst, maar planten nemen het niet volledig op, zodat er meer kunstmest en dierlijk afval wordt toegevoegd dan de planten nodig hebben. Slechts een fractie van wat op de grond wordt aangebracht, komt in de gewassen terecht. De rest stroomt naar onze rivieren. Stikstof- en fosforniveaus, dode organismen nemen toe in de Golf van Mexico, de Rhône-delta, de Noordzee, de Oostzee en de Adriatische Zee. Het zuurstofgehalte in deze kustwateren daalt. (**Phillip Lymbery 2017**).

Hoe maakten we een woestijn van het land op aarde?

Allan Savory

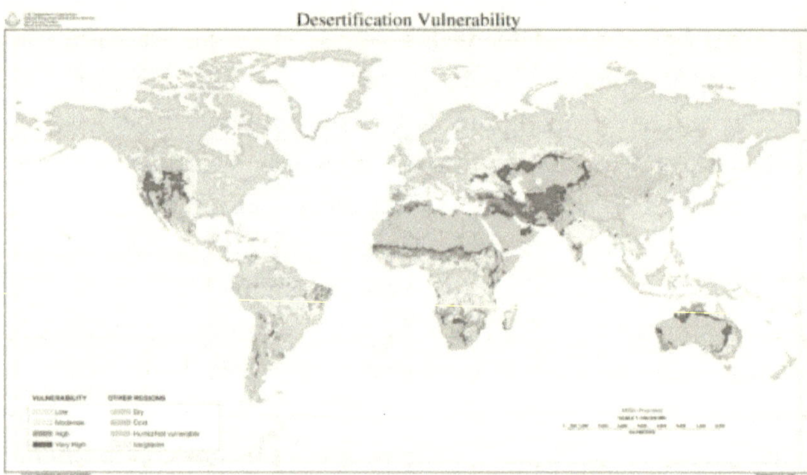

Woestijnvorming op 2/3 van het land (grijze, gele en rode gebieden)

• Toen mensen vuur en taal beheersten en wapens zoals speren en bijlen ontwikkelden, waren ze formidabele roofdieren. Dit was vooral het geval in de graslanden waar hun prooi in kuddes rondliep. De graslanden met hun diepe, waterige en koolstof houdende bodems hadden zich gedurende miljoenen jaren ontwikkeld dankzij het evenwicht tussen grazende dieren en de roofdieren die zich ermee voedden.

• Moderne landbouwmethoden dragen aanzienlijk bij aan woestijnvorming en klimaatverandering als gevolg van water- en luchtvervuiling door de landbouw en intensieve fok van varkens, pluimvee en vee. Door landbouwgrond af te breken, verminderen we het enorme vermogen om koolstof vast te houden en vast te houden.

• Chemische meststoffen om de productie te verhogen, hebben micro-organismen in de bodem gedood, de vruchtbaarheid van de bodem verminderd en het vermogen om water vast te houden, en hebben geleid tot extra overstromingen. Pesticiden die worden gebruikt voor de behandeling van inwendige parasieten bij dieren hebben geleid tot de vernietiging van mestkevers, die van vitaal belang zijn voor bodemvernieuwing.

• Branden breken de bodembedekking zodanig af dat deze gemakkelijk door regen en wind wordt meegevoerd. Er zijn enorme door de mens gemaakte woestijnen ontstaan. Volgens NASA-foto's vanuit de ruimte is ongeveer twee derde van het land in woestijn veranderd.

• Banken financieren de boeren om hun weilanden te verhuren voor zonnepanelen en windmolens en om nog meer megaboerderijen op te zetten met behulp van elektrische energie.

• Een steeds groeiende vleesproductie veroorzaakt droogte en honger in grote delen van de wereld. Fastfood en een toename van de vleesconsumptie in het Westen worden ook in andere delen van de wereld nagevolgd.

Opkomst van de mens op aarde

Pan Gaia werd 400 miljoen jaar geleden omringd door Pan Ocean. De aarde was nog steeds een grote pannenkoek. Het leven op aarde is in oostelijke richting geëvolueerd onder invloed van zwaartekracht, rotatie van de aarde en zonlicht. Uit Pan Ocean zijn de oersoep, meercellige organismen, vissen, zeeleguanen en amfibieën voortgekomen. Dinosaurussen, vogels, zoogdieren en apen zijn geëvolueerd op Pan Gaia. Mensapen, homo erectus en homo sapiens zijn ontstaan in Centraal-Afrika en Azië. Er waren geen mensapen op de Galapagos-eilanden, Paaseiland, Tahiti en andere centraal-Polynesische vulkanische eilanden. Noord- en Zuid-Amerika werden niet veel eerder dan 15.000 jaar geleden vanuit Azië gekoloniseerd.

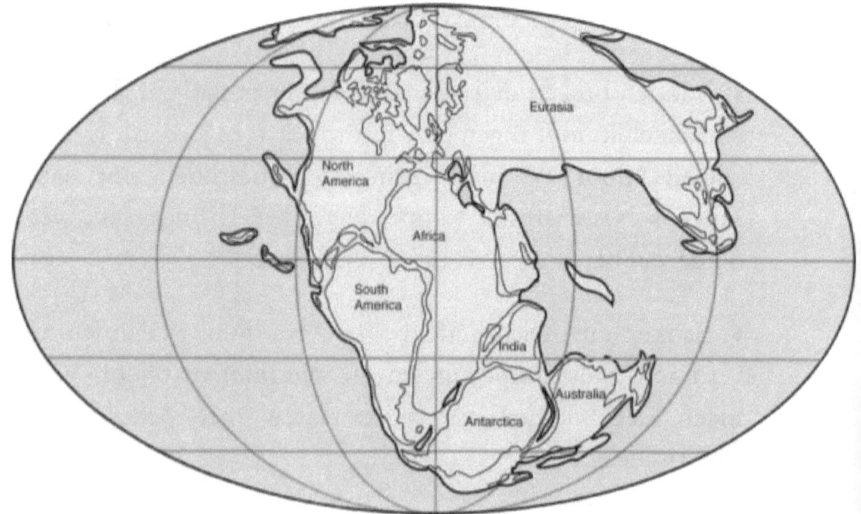

SAVE OUR SELVES EN BESCHERM ONZE PLANEET AARDE

In de prehistorie waren er geen mensapen in Noord- en Zuid-Amerika en dus ook geen homo erectus en homo sapiens.

Er zijn brulapen met staarten in Panama en kapucijnapen in het Amazonegebied. De oorspronkelijke bewoners van Noord- en Zuid-Amerika komen uit Azië. De voorouders van de moderne Indianen trokken tijdens de laatste ijstijd, zo'n 15 duizend jaar geleden, vanuit Siberië via de tijdelijk droge Beringstraat naar het huidige Alaska en verspreidden zich van daaruit voornamelijk langs de westkust over Noord- en Zuid-Amerika.

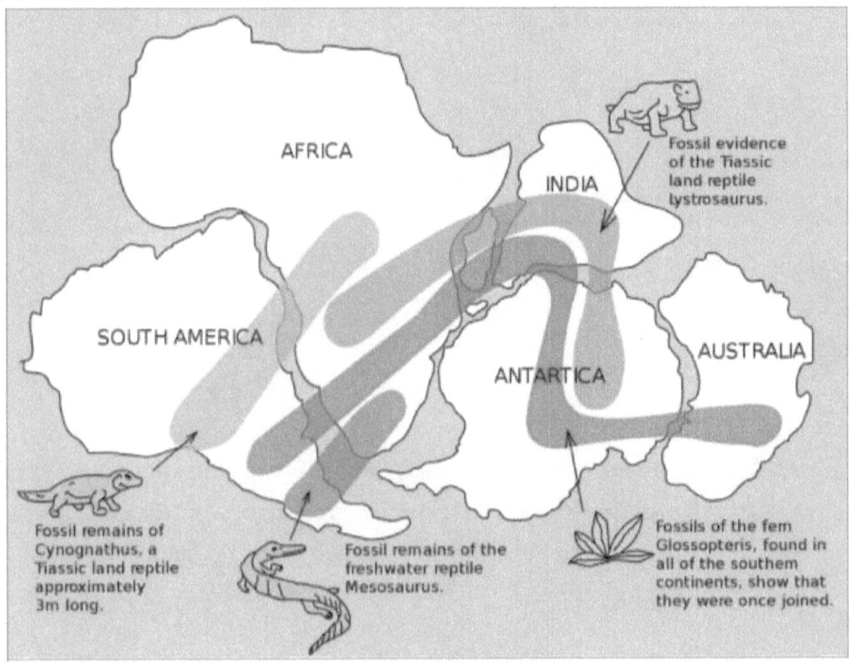

Pan Gaia, de grote pannenkoek, is door vulkaanuitbarstingen naar het oosten verspreid. Zo zijn de vijf continenten (Noord- en Zuid-Amerika, Afrika, Europa, Azië en Australië) ontstaan.

Oost ontmoet West aan de randen van de Grote Stille Oceaan

In het Verre Oosten hebben zich zeer oude menselijke beschavingen ontwikkeld.

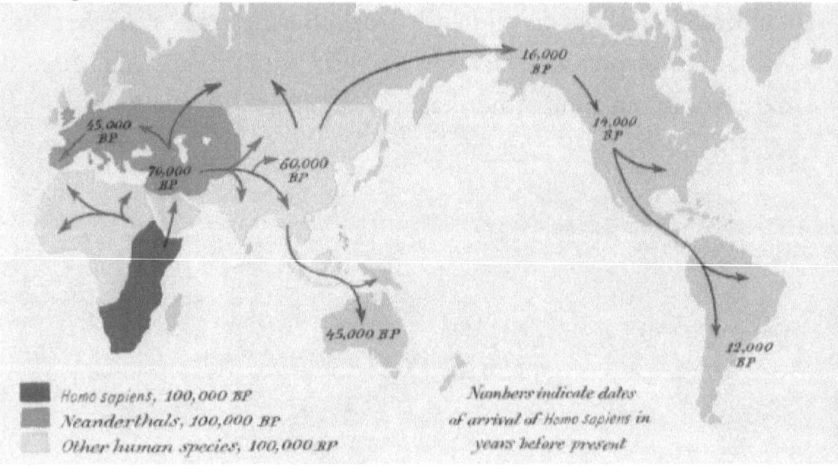

Het idee van de platte aarde was een Mesopotamische gedachte die de Babylonische, Joodse en Bijbelse wereld besmette. Dat de wereld bolvormig is, werd wiskundig aangetoond en later in het oude Griekenland bewezen.

In de christelijke wereld werd de bolvorm aarde systematisch verworpen omdat het onverenigbaar was met de Bijbel. De hel was van onderaf, de "hemel" van bovenaf en ver op de oceanen waren de randen, met het risico om eraf te vallen. Vanaf de 8e eeuw waren ook de meeste 'westerse' geleerden overtuigd van de bolvorm (maar ze waren onderworpen aan kerkelijk stilzwijgen of ontkenning. Tijdens de eerste periode van de Inquisitie ging deze ontkenning heel ver. Vader Abraham zou aan het begin van de menselijke beschaving zijn, maar er waren veel oudere culturen in het Verre Oosten en zelfs in de regio van Polynesië.

Ten tijde van Magellaan en Columbus in het midden van de 15e eeuw wisten ontdekkingsreizigers dat de wereld rond zou moeten zijn, maar daar was nog geen concreet bewijs voor. Iedereen (behalve de kerk) was toen al overtuigd van het "ronde en bolvormige" idee. De ontdekkingsreizigers vertrokken nog steeds met het idee om een nieuwe wereld te ontdekken. In feite vonden ze in Amerika een wereld met culturen die ouder waren dan die van Rome. In het Verre Oosten hebben zich zeer oude menselijke beschavingen ontwikkeld.

Er is nog steeds een grote pannenkoek - de korst die de bodem van de Stille Oceaan vormt - met een rand van vulkanen die Pan Gaia uit elkaar splijten met hun uitbarstingen.

De Ring van Vuur is nog steeds actief en genereert nieuw primitief leven. Er zijn 10.000 eilanden gevormd. Er zijn nog steeds uitbarstingen, de Wolf-vulkaan op de Galapagos-eilanden in 2015 en de Kilauea-vulkaan op Hawaï in 2018. Tien miljoen jaar geleden, laat in de geschiedenis van de aarde, werden de Galapagos-eilanden gevormd. De jongste eilanden zijn de meest westelijke Fernandina (50.000 jaar) en Isabella (650.000 jaar). Op Fernandina loop je zelfs over de gestolde lava. De zeeleguanen zien er prehistorisch uit. Nieuw leven op de jongste vulkanische eilanden in de Stille Oceaan, Galapagos.

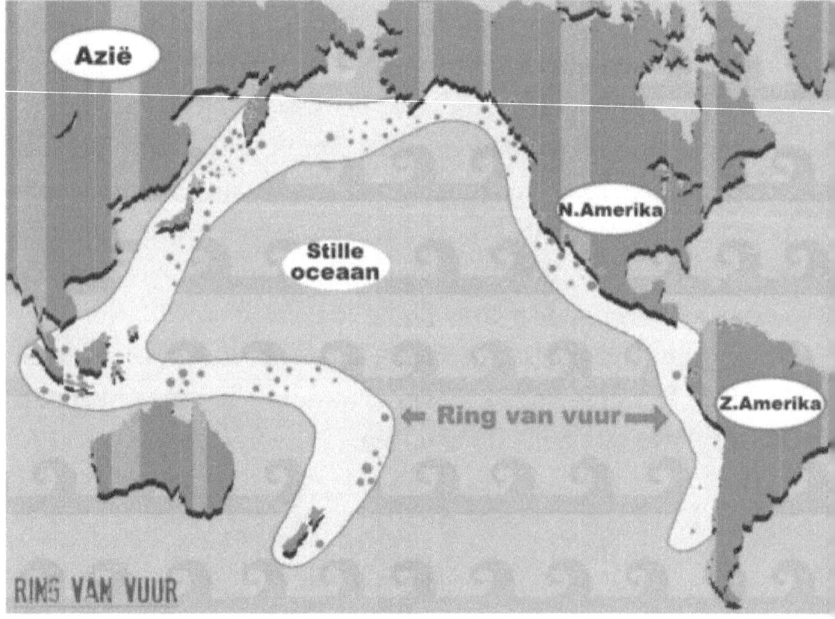

Charles Darwin (1809-1882) toonde aan:

dat de vinken op geïsoleerde Galapagos-eilanden geëvolueerd zijn onder invloed van hun natuurlijke omgeving.

Darwin: *Omgevingsfactoren vertalen zich in fysieke en erfelijke eigenschappen.*

Na zijn vergelijkende studies van de Galapagos-eilanden - The Origin of Species - vroeg Darwin zich af wat zijn bevindingen betekenden voor de verdere evolutie van het leven op aarde. Watson en Crick demonstreerden de structuur van het DNA met behulp van een dubbel gepaarde wenteltrapmodel. Prestaties en kwaliteiten van de voorouders worden vastgelegd in de stappen.

Mensen, chimpansees en gorilla's deelden tot 5 miljoen jaar geleden een gemeenschappelijke voorouder.

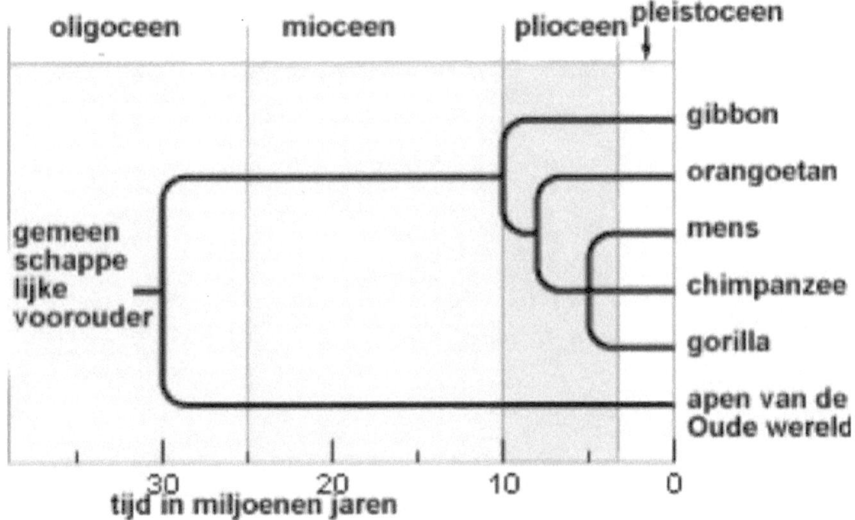

Vanuit hun boomhutten in Afrika hebben de mensapen geweldige handvaardigheden ontwikkeld. Alle mensapen zijn fruiteters en voeden zich met fruit, groenten, noten en bonen. Ongeveer een miljoen jaar geleden bereikten chimpansees de warmere streken van Europa en Azië. Vanuit Afrika via het Midden-Oosten bereikte homo sapiens 45.000 jaar geleden West-Europa. Homo sapiens is rechtop gaan lopen. In die periode waren leeuwen nog groter in aantal dan de mensapen. Neanderthalers waren de eersten die de kunst van het vuur in Europa beheersten en zijn ook vlees en dierlijke eiwitten gaan consumeren. Met houten speren en stenen bijlen hielden ze leeuwen, beren en andere roofdieren in bedwang. De moderne mens is hierna een alleseter geworden.

Mensapen lopen en staan op twee benen. Alleen mensapen kunnen hun voortplantingsorganen met de hand aanraken. Deze evolutie is zowel anatomisch als functioneel significant.

Vooral chimpansees en bonobo's raakten zeer geïnteresseerd in hun genitaliën die binnen handbereik waren gekomen.

(Foto Orang Utang, Borneo)

Homo sapiens, de moderne mens, staat aan het einde van de evolutielijn. Alleen moderne mensen zijn in het midden van de twintigste eeuw in staat geweest om de voortplanting te beheersen en zichzelf te bevrijden van het instinctieve reproductieproces vanwege het toegenomen hersenvolume.

De opkomst en ondergang van de mens op Paaseiland

Vanuit Taiwan en Zuidoost-China verkennen drie- tot vierduizend jaar geleden de eerste dappere zeevaarders met hun dubbele catamarankano's met dubbele zeilen, gemaakt van boomstammen en gevlochten bladvezels, de 10.000 vulkanische eilanden in de Stille Oceaan. Dankzij hun kennis van wind, zeestroming en de sterren zijn ze steeds verder naar het oosten gevaren.

Rond 2000 voor Christus bereikten deze Chinezen al Nieuw-Guinea. Tussen 500 voor Christus en 500 na Christus werden de eilandengroepen van de centrale Stille Oceaan gekoloniseerd.

De Polynesische driehoek ligt tussen Hawaï in het noorden, Tahiti en zijn eilanden in het westen, Nieuw-Zeeland in het zuidwesten en Paaseiland in het oosten.

- De inwoners van de Polynesische driehoek, de Maori van Nieuw-Zeeland, de Rapa Nui van Paaseiland en de Hawaiianen spreken een verwante taal

Inwoners van de Marquises-eilanden migreerden van daar naar Paaseiland. De Hawaiiaanse eilanden werden tussen de jaren 500 en 700 veroverd door deze kolonisten. Paaseiland is als laatste rond het jaar 700 ontdekt.

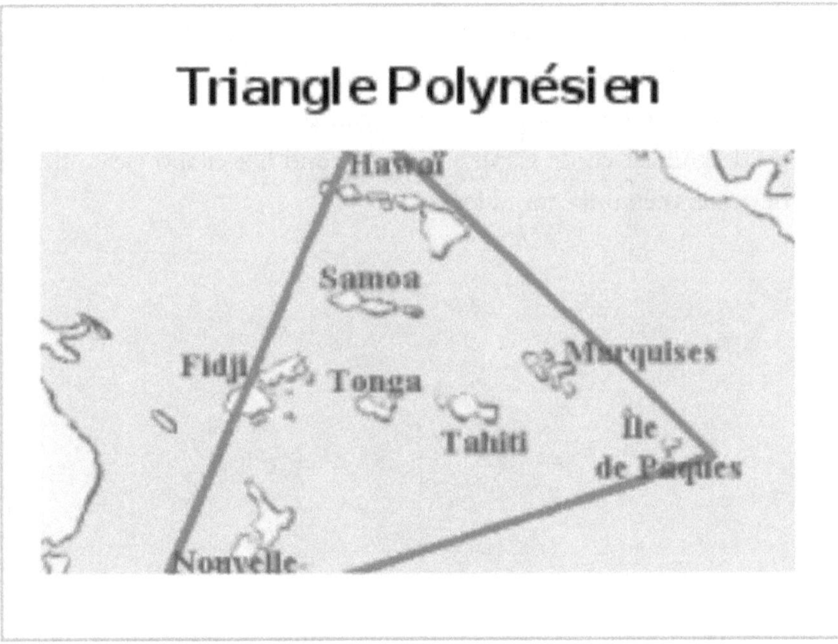

De geschiedenis van de mens op Paaseiland begon met een groep Polynesiërs, die van het Markieseiland rond zeilden naar het oosten

Ze hadden allerlei planten en zaden meegebracht en de expeditie was bedoeld om nieuw land te koloniseren. Nieuwe eilanden werden gevonden toen vogels werden gezien. Vogels leggen eieren op het land en hun aanwezigheid betekent altijd land in de buurt. Meer wolken boven land zijn al van verre zichtbaar. Deze matrozen zagen ook het patroon van de golven dat een eiland op hun route moest liggen. Paaseiland ligt 2100 zeemijl (4.000 kilometer) na de Markieseilanden. Paaseiland was onbewoond. De kratermeren in de drie vulkanen bevatten drinkwater en permanente vestiging was dus mogelijk. Ze hebben een waar paradijs gevonden. De Polynesische kolonisten brachten bananen, taro, zoete aardappel, suikerriet, papiermoerbei, ratten en kippen mee. Het eiland was helemaal bedekt met palmbomen. Ze vonden grondstoffen om stoffen, koorden en kano's te maken. De vogels in het bos, de vissen uit de oceaan, de ratten voor de barbecue en de kippen voorzagen de bewoners van voedsel. Het milde klimaat en de visrijke wateren rond het eiland gaven de nieuwe bewoners een onbezorgd leven.

SAVE OUR SELVES EN BESCHERM ONZE PLANEET AARDE

De bevolking op het eiland groeide snel, waardoor steeds grotere delen van het bos werden gekapt. Tien groepen leefden immers op stroken land van zee tot in het binnenland. De hogere rangen woonden aan de kust met de heilige plaatsen en de lagere klassen meer landinwaarts. Om de goden te bedanken en gunstig te stemmen, begonnen de inwoners de standbeelden (of Moai) te bouwen. Chinezen hebben een sterke voorouderverering. De beelden zijn representaties van hun voorouders, en de aanwezigheid van zo'n beeld werd gezien als een soort beschermengel voor een dorp.

De Chinese oorsprong van de Rapa Nui, de oorspronkelijke bewoners van het eiland, is nog duidelijk herkenbaar

DR P.A.J. HOLST

De Europese ontdekking van het eiland, door de zeevaarder Jacob Roggeveen, vond plaats in 1722. Op 1 augustus 1721 vertrok de toen 62-jarige Jacob Roggeveen met een vloot van de West-Indische Compagnie vanaf de Reede van Texel. Met drie zeilschepen gingen ze op zoek naar "Het Onbekende Suydlandt", een toen nog ongekend continent, dat Roggeveen met deze expeditie ergens ten westen van Zuid-Amerika hoopte te vinden. Nieuw land, waarvan men dacht dat er handelsposten zouden kunnen worden opgericht, werd nooit gevonden. Op Paaszondag 5 april 1722 werd voor het eerst een eiland gezien. Ze zien rook en vuur en weten dat het eiland bewoond is. Sinds die tijd wordt dit eiland Paaseiland genoemd. Het bleek dat het eiland 1000 jaar lang volledig geïsoleerd was bewoond door Polynesiërs, die nooit meer de reis van 2000 zeemijl terug naar het dichtstbijzijnde land maakten. Volgens de beschrijving van Roggeveen woonden er tussen de twee- en drieduizend mensen op het eiland.

SAVE OUR SELVES EN BESCHERM ONZE PLANEET AARDE

Zeker is dat er in de 16e en 17e eeuw maar liefst 10.000 tot 15.000 inwoners waren. De bevolking van Paaseiland was in de 100 jaar voor de komst van de Nederlanders al dramatisch gedaald door de overbevolking van het extreem geïsoleerde eiland met zijn beperkte natuurlijke hulpbronnen. Mogelijk is er een periode geweest van extreme droogte met tegenvallende oogsten en watertekorten. Palmbomen zijn gekapt voor landbouwgrond, voor huizen en kano's, en voor het transport van de Moai. Ratten kunnen een dramatisch effect hebben op een palmboombos door de zaden van de planten te eten, in dit geval de palmbomen, waardoor vernieuwing van het bos wordt voorkomen. Ratten waren al aanwezig bij de Polynesische kolonisatie van het eiland lang voordat Europeanen het eiland ontdekten. De ratten hebben het ontbossingsproces wel versneld. Voor de komst van de Nederlanders was er al een nijpend tekort aan eerste levensbehoeften. De stamhoofden zorgden voor hun stamleden, maar deze tekorten sinds het midden van de 17e eeuw hebben geleid tot stammenconflicten met zelfs kannibalisme.

Het eiland is van vulkanische oorsprong. Zo groot als het Nederlandse eiland Texel.

Er zijn vulkanen op de drie hoeken van het eiland: Poike, Rano Kao en Maunga Terevaka. Van bijzonder belang is de meest oostelijke vulkaan die deel uitmaakt van de Terevaka, de Rano Raraku. Bijna alle beelden van Paaseiland zijn gemaakt van de rots van deze vulkaan. Vulkanen hebben het eiland gemaakt en er zijn beelden gemaakt van de vulkanen. De Moai-beelden werden rechtop vervoerd en door de bevolking met touwen naar hun locatie vervoerd. Deze theorie sluit goed aan bij de populaire legende dat de Moai-beelden zelf naar hun plek liepen.

SAVE OUR SELVES EN BESCHERM ONZE PLANEET AARDE

De Polynesiërs noemden hun eiland "De Navel van de Wereld" (Te Pito O Te Henua). Later werd de naam "Rapa Nui", wat grote rots betekent, gemeengoed. Bij de komst van de Nederlanders was het eiland al kaal en vrijwel boomloos.

Moai

De grote stenen beelden, Moai, waar Paaseiland wereldberoemd om is, zijn later uitgehouwen dan aanvankelijk werd gedacht. Archeologen schatten nu dat ze tussen 1600 en 1730 zijn gemaakt. De laatste is uitgehouwen rond Pasen 1722 dat Jakob Roggeveen het eiland ontdekte. Er zijn meer dan 600 grote stenen beelden op het eiland. Hoewel de beelden vaak worden geïdentificeerd als "losstaande hoofden", zijn de beelden eigenlijk volledige torso's.

Veel Moai zijn tot hun nek begraven. De meeste beelden zijn uitgehouwen in de Rano Raraku-groeve. De steengroeve lijkt daar abrupt te zijn verlaten, met half uitgehouwen beelden.

SAVE OUR SELVES EN BESCHERM ONZE PLANEET AARDE

Een veel voorkomende theorie is dat de beelden werden gesneden door de Polynesische inwoners (Rapa Nui) in een tijd dat het eiland nog grotendeels bedekt was met bomen en er voldoende middelen waren om een bevolking van 10.000-15.000 Rapa Nui te ondersteunen. De meeste Moai waren staande beelden toen Jakob Roggeveen arriveerde. Kapitein James Cook zag staande standbeelden en neergestorte standbeelden toen hij twintig jaar later in 1744 op het eiland landde. De laatste Europese vermelding van een rechtopstaand standbeeld was in 1838. In 1877 telde Paaseiland slechts 110 mensen. Deze 110 Rapa Nui hadden slechts 36 nakomelingen en zij zijn de voorouders van alle 2.296 Rapa Nui die momenteel op het eiland wonen. In 1888 werd het eiland geannexeerd door Chili, dus vandaag zijn er ongeveer 4.000 Chilenen op het eiland. Bij decreet is bepaald dat alleen de oorspronkelijke bewoners, de Rapa Nui, grond op het eiland mogen bezitten.

Er bleef nog maar een enkele palmboom over

Overbevolking

De helft van de bevolking in Indonesië is jonger dan 15 jaar

- Jongeren zorgen voor ouderen. Veel kinderen kunnen zonder pensioen voor hun pensioen zorgen.

Toen de welvaart in Europa toenam, nam de afhankelijkheid van ouderen af en nam de bevolkingsgroei af. In Singapore begon de tweekinderenpolitiek in de jaren zeventig. Door de enorme toestroom van immigranten groeide de bevolking, maar nam de autochtone bevolkingsgroei af.

SAVE OUR SELVES EN BESCHERM ONZE PLANEET AARDE

De eenkindpolitiek van China leidde tot een bevolkingsvermindering van driehonderd miljoen mensen. Geboortebeperking komt het meest voor in China, waarbij 83% van de bevolking een van de beschikbare anticonceptiva gebruikt. In Europa iets minder: 77% - en in Noord- en Zuid-Amerika 75%.

In Afrika is het percentage in sommige landen schrikbarend laag. Anticonceptie zal naar verwachting in 2030 toenemen van 17 naar 27 procent in West-Afrika, van 23 naar 34 procent in Centraal-Afrika, van 40 naar 55 procent in Oost-Afrika en van 39 naar 45 procent in Melanesië, Micronesië en Polynesië (Trends in anticonceptie gebruik wereldwijd, 2015 Verenigde Naties).

Landen met nog steeds extreme bevolkingsgroei zijn Brazilië (vijftig miljoen inwoners in 1950, ruim tweehonderdtien miljoen in 2018) en Indonesië (Java in 1960 zestig miljoen inwoners, honderdzestig miljoen in 2018). Afrika, nu goed voor een vijfde van de wereldbevolking, zal het enige continent zijn waarvan de bevolking na 2050 zal blijven groeien. De VN verwacht dat tegen 2100 40 procent van de wereld Afrikaans zal zijn.

- Als vrouwen in Afrika, die willen blijven leren en hard willen werken voor meer welvaart voor hun gezin, gratis anticonceptie zouden kunnen krijgen, zou de bevolkingsgroei hier ook kunnen afnemen.

Deel twee – Red ons zelf en bescherm planeet aarde

SAVE OUR SELVES EN BESCHERM ONZE PLANEET AARDE

S. O. S.

Save Our Planet Earth

DR P.A.J. HOLST

Fruitboeren kunnen de aarde redden door onze eetgewoonten te veranderen.

SAVE OUR SELVES EN BESCHERM ONZE PLANEET AARDE

Na de Spaanse griep (Influenza H1N1-pandemie, afkomstig uit de pluimvee-industrie), die heerste van 1918 tot 1920, was de economische situatie door pandemische maatregelen slecht, werden scholen en resorts gesloten. Ook in het interbellum volgde een economische crisis. Na de Tweede Wereldoorlog werden de Verenigde Naties opgericht om land- en mensenrechten te definiëren. Later werd de menselijke slavernij afgeschaft.

Komt er een economische crisis met veel doden na de tweede golf van Coronavirussen van 2019 tot 2021 (pandemie afkomstig uit de vleesindustrie)? De klimaatcrisis lijkt onvermijdelijk en er is een groot verlies aan plant- en diersoorten. Zal de mens inzicht krijgen en de slavernij van wilde dieren en voedseldieren afschaffen?

Beer met drie jongen in de toendrawildernis van Denali

SAVE OUR SELVES EN BESCHERM ONZE PLANEET AARDE

Alle zoogdieren moeten de mogelijkheid hebben om zelf voor hun kroost te zorgen. Kunstmatige inseminatie van vee en intensieve veehouderij van koeien, geiten, varkens, schapen en konijnen is een grove overtreding. Alle zoogdieren hebben het recht om te leven zonder wrede behandeling en levenslange opsluiting.

Graslanden en grazende dieren hebben een enorm vermogen om koolstof vast te houden. De landbouw kan betere groente en fruit produceren als voedsel voor de mens dan de maïs en sojabonen waarmee we nu de dieren vetmesten en opsluiten in fabrieksboerderijen om door ons te worden gegeten.

Anticonceptie

Om een eind te maken aan de misstanden in de Kempen die arts Ferdinand Peeters in zijn dagelijkse praktijk tegenkwam, ging hij op zoek naar een middel waarmee de vrouw haar eigen vruchtbaarheid kon regelen. De anticonceptiepil Enovid die de Amerikaanse bioloog Gregory Pincus in 1957 op de markt bracht, had nog te veel bijwerkingen en werd alleen toegelaten als middel tegen pijnlijke menstruaties. In 1959 startte Dr. Peeters een reeks klinische testen met een hormoonpreparaat aangeboden door de Duitse firma Schering AG vanuit zijn labo in het Sint-Elizabethziekenhuis in Turnhout. Een half jaar lang testten dr. Peeters en zijn assistenten Reimond Oeyen en Marcel Van Roy het preparaat op vijftig Kempense vrouwen voor wie nog meer kinderen een groot gezondheidsrisico vormden. Na talloze experimenten om de juiste (meer dan de helft lagere) dosis van de twee hormonen (progestageen en oestrogeen) te vinden, legde Peeters in 1960 de bevindingen uit aan Schering in Berlijn. De resultaten waren verbluffend. Geen van de vrouwen werd zwanger en er waren nauwelijks bijwerkingen.

SAVE OUR SELVES EN BESCHERM ONZE PLANEET AARDE

Nadat de bereiding van Peeters (SH 639) ook in de Verenigde Staten, Japan en het Verenigd Koninkrijk veilig en efficiënt bleek te zijn, brengt Schering in januari 1961 de Anovlar-pil op de markt.

Pincus erkende stilzwijgend de superioriteit van Peeters' pil door in juli 1961 de dosis Enovid te halveren. Uiteindelijk was het Pincus die de eer opeiste en (ten onrechte) de wereldgeschiedenis inging als de uitvinder van de anticonceptiepil. Uit angst om door de kerk te worden beroofd, gaf de zeer katholieke Peeters echter niet veel publiciteit aan zijn uitvinding.

Bovendien wekte het baanbrekende onderzoek van een 'plattelandsdokter' ook veel minachting bij jaloerse professoren van de KUL waar Peeters ook actief was.

- Eeuwenlang werd schapendarm en sinds 1844 Goodyear-rubber gebruikt als voorbehoedsmiddel.

- De pil, IVF en kunstmatige inseminatie zorgden halverwege de twintigste eeuw voor de doorbraak.

- Het Duitse bedrijf Schering AG bracht de Anovlar-pil in januari 1961 op de markt.

- De pil bleek een bijzonder krachtig emancipatorisch middel te zijn, zowel in Amerika als in Europa. De pil veranderde de machtsverhoudingen tussen mannen en vrouwen radicaal - en daarmee de hele samenleving.

DR P.A.J. HOLST

De ontdekking van de pil was een grote revolutie. Voor het eerst in de menselijke geschiedenis konden geslachtsgemeenschap en voortplanting technisch en kunstmatig worden gescheiden. Het enorme commerciële succes was verblindend, zowel voor de geneeskunde als voor de theologie. En iedereen probeerde de ander te overtreffen door een goede rechtvaardiging voor geboortebeperking te geven. Anticonceptie veroorzaakte een radicale breuk met het leven van alle voorgaande generaties en beschavingen. Inmiddels is legale abortus ingevoerd, is het aantal echtscheidingen spectaculair toegenomen, is euthanasie bepleit als het leven niet meer als zinvol wordt ervaren. Het gezin als basis van kerk en samenleving is afgebrokkeld tot allerlei vrij samenlevingsvormen. Alle vormen van seksualiteit komen openlijk aan de orde. De opkomst van homo's, Me Too voor ongewenste intimiteiten, seksuele intimidatie en verkrachting, incest en pedofilie, geslachtsverandering van transgenders, genitale verminking in andere culturen. De seksuele onthouding van het celibaat had ook zijn problemen, zoals pedofilie bij priesters.

Toch is de balans van plotselinge seksuele vrijheid over het algemeen positief, dankzij de toegenomen emancipatie van vrouwen en het besef van seksuele problemen en onvrijheden die jaren verborgen zijn geweest. Er zijn steeds meer vrouwen in leidinggevende functies. We wachten op de eerste vrouw als paus, nu ook vrouwen tot de kerk zijn toegelaten. In de metropool Guangzhou (het voormalige kanton) wees onze gids ons op een vrouwelijke Boeddha in de grootste tempel.

Wat geeft de zon ons?

De Namib-woestijn is een van de zonnigste plekken ter wereld.

In 54 minuten straalt de zon naar de aarde een hoeveelheid zonne-energie die de hele wereld in een jaar verbruikt. Allemaal gratis duurzame energie. Alleen is het op de verkeerde plaats op het verkeerde moment in de verkeerde vorm. Als we al die energie, die nu dagelijks verloren gaat, omzetten in waterstof, is de schaarste aan energie voorbij.

SAVE OUR SELVES EN BESCHERM ONZE PLANEET AARDE

De Namib-woestijn bij Lüderitz, een havenstad aan de Atlantische Oceaan aan de zuidwestkust van Namibië, is een van de zonnigste plekken ter wereld. Deze woestijn is 200 km breed en strekt zich 2000 km uit van Angola in het noorden tot de Oranjerivier in het zuiden langs de Atlantische Oceaan. In deze 81.000 km2 is een geschikt gebied voor energieproductie te vinden. Een combinatie van zonnepanelen en waterstofgasproductie met transport naar zee kan Namibië economische voordelen bieden.

Ook Groningen kan geld verdienen aan de transitie naar waterstofgas. Nederland heeft al een uitgebreid gasnetwerk van Groningen naar de rest van Nederland. Dit aardgasnetwerk kan zonder al te veel aanpassingen worden ingezet voor waterstofgastransport

Veendam heeft de eerste grotere waterstofcentrale van Nederland die gebruik maakt van zonne-energie. Het is een belangrijke stap in de missie van Groningen om uit te groeien tot dé waterstofprovincie van Nederland. Hernieuwbare energie van het elektriciteitsnet en 5.000 zonnepanelen op het terrein leveren groene stroom aan de centrale, die één megawatt duurzame elektriciteit kan omzetten in waterstof. Een waterstofindustrie in Groningen kan de grote hoeveelheden energie leveren die verloren gaan bij het sluiten van het olie- en gastijdperk. Al deze energie kan in de vorm van waterstof worden opgeslagen en via het gasnet en in vloeibare vorm per schip worden getransporteerd.

DR P.A.J. HOLST

Elke dag dat we niets doen met de opslag van zonne- en windenergie hier en daar in Nederland en in de woestijnen is een verloren dag. Late wij niet alleen afscheid van fossiele brandstoffen nemen, maar ook van biobrandstoffen. De vraag naar palmolie is zo sterk gestegen wat grotendeels te danken is aan het westerse beleid om het gebruik van biobrandstoffen te stimuleren. Branden zijn de laatste jaren steeds heviger geworden in het Braziliaanse Amazonewoud en in de Indonesische tropische regenwouden van Borneo en Papoea-Nieuw-Guinea. De 'slash and burn'-methode (kappen en verbranden) wordt gebruikt om natuurlijke grond te cultiveren voor palmboomplantages. Waterstof als primaire energiebron kan de oplossing zijn.

SAVE OUR SELVES EN BESCHERM ONZE PLANEET AARDE

Canadese ingenieurs hebben een manier gevonden om relatief eenvoudig en goedkoop waterstof te produceren uit olievelden en teerzanden.

Door zuurstof in de teerzanden te injecteren, lijkt de temperatuur in de bodem te stijgen. Hierdoor komt waterstofgas vrij uit de olie, dat door speciale membraanfilters van andere gassen kan worden gescheiden. Zelfs met olievelden die nog in gebruik zijn, kan deze techniek worden gebruikt. Zo kan een vervuilende fossiele grondstof een tweede leven krijgen en de energiedrager van de toekomst produceren. Waterstofproductie is een kosteneffectief alternatief voor energieproductie uit olievelden en teerzanden. Door waterstoffiltermembranen in de productiebronnen te plaatsen wordt alleen de waterstof onttrokken en blijven ongewenste bijproducten zoals kooldioxidediode en methaan in de bodem achter.

De bestaande infrastructuur en distributiekanalen rond de olievelden zouden volstaan, waardoor de productiekosten laag zouden blijven. Op dit moment kost het ongeveer 2 dollar om een kilo H2 te produceren, maar met de nieuwe methode zou dat slechts 10 tot 50 cent zijn. De benodigde zuurstof kan ter plaatse worden geproduceerd. Hiervoor is niet meer dan 5 procent van de geproduceerde energie nodig.

Onderzoekers van de Universiteit van Waterloo in Canada hebben ook een nieuwe brandstofcel ontwikkeld die minstens tien keer langer meegaat dan de huidige technologie. Deze brandstofcellen zullen dus veel goedkoper zijn.

Nederlandse ingenieurs maakten waterstof uit natriumboorhydride.

Waterstof zal in de komende jaren een belangrijke rol spelen in de totstandkoming van een duurzame energiehuishouding. Tot voorkort kenden wij waterstof als energiedrager in gasvorm en in vloeibare vorm (zeer lage temperatuur).Sinds een paar jaar wordt door de Nederlandse onderneming H2Fuel in samenwerking met een aantal Nederlandse universiteiten gewerkt aan een waterstof opslag medium in vaste vorm. Niet alleen de productie- en veiligheidsaspecten zijn bij deze opslag opzienbarend, maar ook de hoge energiedichtheid maakt deze nieuwe vorm van waterstof opslag uniek. H2Fuel, een natriumboorhydrideverbinding, is de drager van waterstof. De chemische naam is NaBH4 (poeder) en kan onder normale atmosferische omstandigheden voor onbepaalde tijd worden bewaard. Om de waterstof vrij te maken, wordt Ultra-Pure Water (UPW = volledig zuiver H2O) en verdund zoutzuur in een bepaalde verhouding toegevoegd en komen de waterstofmoleculen van zowel NaBH4 als H2O vrij. In totaal wordt 8H, meer dan 95% van de theoretisch haalbare hoeveelheid waterstof daadwerkelijk gewonnen.

(Proces 1 - productie van waterstof uit H2Fuel)

Tijdens productie, opslag, transport en consumptie is H2Fuel volledig vrij van schadelijke uitstoot. Dit proces, met een zeer hoog rendement (98%), is gevalideerd door TNO Delft.

Het restproduct (Spent fuel, NaBO2) kan later in een chemisch proces weer worden omgezet in NaBH4. Hierdoor ontstaat een circulaire energiedrager, waardoor de twee natuurlijke producten Natrium en Borium kunnen steeds weer opnieuw worden hergebruikt. De benodigde energie hiervoor kan geleverd worden door zonne- en/of windenergie. Hierdoor wordt het Borium en Natrium zeer efficiënt hergebruikt.

(Proces 2 - productie van NaBH4)

SAVE OUR SELVES EN BESCHERM ONZE PLANEET AARDE

Op zeeschepen zorgt osmose ervoor dat UPW volledig zuiver water uit zeewater gevormd kan worden en is er ruimte voor dit type elektriciteitscentrale.

De Hyundai NEXO is uitgerust met een 156 liter compressietank (700 bar) met waterstofgas en heeft een actieradius van 666 km. Het hoge voertuiggewicht (1814 kg) gaat ten koste van de acceleratie. Met een normale tank van 60 liter met natriumboorhydridepoederbrij kan een waterstofauto veel lichter zijn en een actieradius hebben van 700 km (2,5 keer groter met dezelfde hoeveelheid waterstof).

Een kassencomplex in het Westland wil met behulp van een waterstofcentrale jaarrond energie neutrale groenten en fruit kunnen produceren. Bestelauto's kunnen worden omgebouwd tot waterstofauto's en kunnen tanken bij het kassencomplex. Het restproduct kan worden opgewaardeerd met zonne- en/of windenergie. Boeren kunnen hun schuren een nieuwe bestemming geven. Met lokale productie met meer aanbod en diversiteit kan het huidige aanbod van groenten en fruit over de evenaar afnemen.

Deel drie – Blijf gezond

Deze praalwagen van Mardi Gras vertegenwoordigt de diepere betekenis van carnaval - carnem levare (Latijn), laat vlees achterwege en eet een overvloed aan fruit en groenten.

Blijf 100 jaar gezond

We eten alles wat lekker is. Als het goedkoop en lekker is, versnelt het ook chronische ziekten en tumorvorming. Zo werkt ons voedselsysteem. De grondstoffen voor de fabrieksvoorbereiding zijn beperkt. Soja, maïs, eieren, geraffineerde suikers, dierlijke eiwitten en transvetten. Dit zijn de belangrijkste ingrediënten die de grootste voedingsbedrijven gebruiken om het voedsel te maken dat overal om ons heen is. Het is niet zo dat deze grote bedrijven er niets om geven. Sterker nog, het is moeilijk voor hen om iets anders te doen. In delen van de wereld met minder chemische landbouw, minder fabrieksvoedselverwerking, is de sterfte aan kanker lager. Groenten en fruit maken bio-actieve stoffen die de groei en voortplanting van indringers vertragen.

DR P.A.J. HOLST

Plantaardige voeding werkt levensverlengend

Vrijwillige voeding door uithongering zal waarschijnlijk nooit veel populariteit winnen als levensverlengende strategie en is riskant in verband met het ontstaan van tekorten. Plantaardige eiwitten - vooral die uit groenten of noten - bevatten minder methionine dan dierlijke eiwitten. Verschillende dierstudies met methioninebeperkt dieet hebben remming van de groei van kankercellen en een verlengde gezonde levensduur bij proefdieren aangetoond. Amerikaanse onderzoekers hebben 30 jaar voedingsgegevens onder 130.000 mensen bekeken. Ze vonden een verminderd risico op vroegtijdig overlijden bij degenen die meer plantaardig eiwit aten en een hoger risico bij degenen die meer dierlijk eiwit aten. Elke verhoging van 3% meer plantaardige eiwitten in de voeding verminderde de kans op overlijden, door welke oorzaak dan ook, in de verslagperiode met 10%. Ook werd een verband aangetoond met een 12% lager risico op overlijden door hart- en vaatziekten. Maar een 10% hoger aandeel dierlijke eiwitten in de voeding leidde tot een 2% hogere kans op overlijden en 8% hogere kans om te overlijden aan een hartprobleem (**Song M.**).

Onnatuurlijke voeding is de oorzaak van tekorten en chronische ziekten. Fastfood, veel vleesproducten en weinig groenten en fruit verzwakken de natuurlijke afweer. Hoe kan men overschakelen op uitsluitend natuurlijke voeding?

Havermoutvlokken

Volkoren is een belangrijke bron van antioxidanten en bioactieve stoffen zoals fenolen, flavonoïden en carotenoïden. Flavonoïden werken heel goed als antioxidant en voorkomen de omzetting van calorieën in vet. Zo hebben ze ook een beschermend effect op de bloedvaten. De meeste gezondheid bevorderende verbindingen van volkoren zijn aanwezig in de kiem en de zemelen.

Vitamine C

Vitamine C is nodig voor de opbouw van bindweefseleiwitten. Een gebrekkige aanmaak van deze bindweefseleiwitten verzwakt de bloedvaten met bloedingen tot gevolg.

Door veelvuldig gebruik van bestrijdingsmiddelen in de landbouw is het gehalte aan bioactieve antistoffen in groenten en fruit verminderd, waardoor onze afweer tegen cel infecties nog meer aangetast wordt. Vitamine C 1000 mg beschermt tegen verkoudheid en de mogelijke infecties die gepaard gaan met verkoudheid. Ook bleek dat patiënten die 2 gram vitamine C per dag slikten een kortere tijd op de IC doorbrachten. Patiënten die vitamine C kregen, hadden significant minder tijd nodig voor beademing.

Hemila H, Chalker E Vitamin C Can Shorten the length of stay in the ICU A Meta-Analysis. Nutrients (2019) 11(4):708

Vitamine D3 (cholecalciferol) is de voorloper van het krachtige steroïde hormoon calcitriol, dat een wijdverbreide werking heeft in het hele lichaam. Verschillende onderzoeken hebben aangetoond dat vitamine D-tekort het risico op het ontwikkelen van kanker verhoogt en dat inname van vitamine D3 een economische en veilige manier kan zijn om de incidentie van kanker te verminderen en de uitkomst van kankerbehandeling te verbeteren. Voldoende vitamine D verhoogt ook de botdichtheid, waardoor het risico op fracturen wordt verminderd.

Curcuma

Curcuma is het kruid dat kerriepoeder geel kleurt. In gebieden waar dit kruid dagelijks wordt gegeten, komen een aantal kankerziekten die in West-Europa veel voorkomen, minder voor.

Multipel myeloom (ziekte van Kahler) is een kanker van de cellen van het beenmerg. Deze kanker is zeldzaam in India (blauw gebied) en veel in West-Europa (rood gebied in bijgaande afbeelding). Plasmacellen in het beenmerg zorgen voor de aanmaak van antistoffen tegen virussen en bacteriën.

Kruiden en fruit bevatten vaak de voedingsstoffen die fastfood mist. Talrijke voedingsstoffen uit planten, een van de bekendste is curcuma, beschermen tegen schade aan de chromosomen van cellen in het lichaam. Kwaadaardige groei is in het algemeen het gevolg van een DNA-aanval bij blootstelling aan chemicaliën, straling of virussen die bezit nemen van het DNA van de gastheercel. Curcuma beschermt tegen cel-DNA-schade. Geïnfecteerde of beschadigde cellen worden nu als abnormaal gezien en uit het lichaam verwijderd.

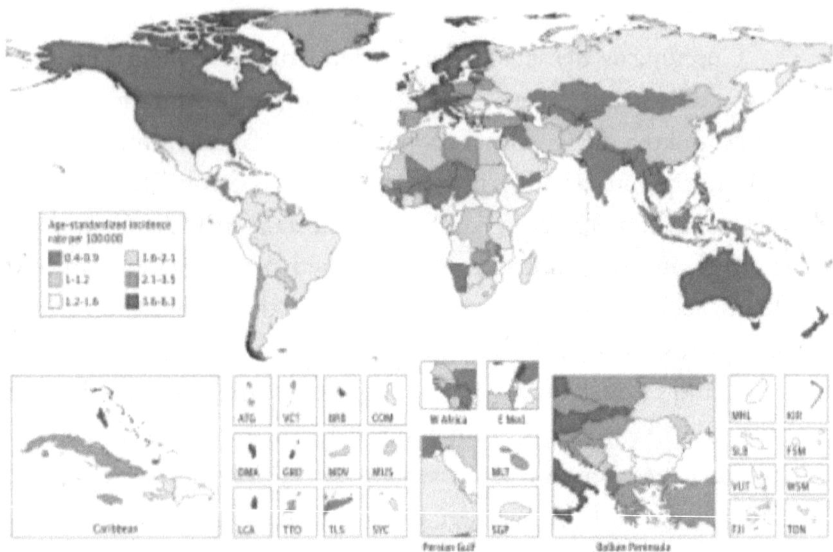

Andrew J. Cowan, Christine Allen, Aleksandra Barac et al. Global burden of multiple myeloma: A systematic analysis for the global burden of disease study. JAMA Oncol 2018 Sep 1;4(9):1221-1227

SAVE OUR SELVES EN BESCHERM ONZE PLANEET AARDE

De totale kankersterfte is in India veel lager dan in westerse landen. Amerikaanse mannen krijgen 23 keer meer prostaatkanker dan mannen in India. Amerikanen 8 en 14 keer meer kans op het ontwikkelen van melanoom, 10 tot 11 keer meer darmkanker, 9 keer meer baarmoederkanker, 7-17 keer meer longkanker, 7-8 keer meer blaaskanker, 5 keer meer borstkanker en 9 tot 12 keer vaker nierkanker dan in India. Dit is niet slechts 5, 10 of 20 procent, maar 5, 10 of 20 keer meer. Indiërs vormen samen een zesde van de wereldbevolking. Ze hebben de laagste kankercijfers ter wereld. Een verminderde incidentie van kanker kan niet het resultaat zijn van een verhoogde consumptie van kruiden alleen. Verschillende voedingsfactoren kunnen bijdragen aan de lage algemene kankercijfers in India. Naast de hoge consumptie van kruiden eten Indiërs weinig (rood) vlees (heilige koe) en is 40 procent van de Indiërs vegetariër. India is een van de grootste producenten en consumenten van verse groenten en fruit. Indianen eten naast kurkuma ook veel andere kruiden. Kurkuma bevat per gewichtseenheid het hoogste gehalte aan antioxidanten (Holt PR).

Omega-3 visoliecapsules, EPA en DHA hebben een gunstig effect op hart en hersenen. Menselijke hersencellen bevatten veel DHA. Voldoende vis in ons menu is erg belangrijk (Crawford MA 2012).

Voordelen van het mediterrane dieet

Het dieet in Spanje, Italië en Griekenland is een van de gezondste eetgewoonten ter wereld. Er zijn hier blijkbaar minder ziekten en ook de sterfte aan sommige chronische ziekten is lager. Dit voedingspatroon is rijk aan fruit, groenten, vis, olijfolie van eerste persing en minder verzadigde vethoudende zuivelproducten. Vetten zijn nodig voor de aanmaak van hormonen en de opname van de in vet oplosbare vitamines A, D, E en K.

Olijfolie geeft eten een smaak en een verzadigd gevoel, waardoor je minder snel honger hebt. Deze eetgewoonte verkleint de kans op hart- en vaatziekten, verkleint de kans op diabetes, verlengt de levensduur en telt meer gezonde ouderen.

Vermijd fastfood en ongezonde transvetten

De boerderij van de oude McDonald's is heel anders dan de huidige McDonald's. Fastfood is in de mode. Burgers en kipburgers staan vaak op het menu van hardwerkende mensen. Het is niet langer zeldzaam dat iemand met een zak chips naar bed gaat.

Plantaardige (onverzadigde) vetten zijn vloeibaar bij kamertemperatuur en kunnen door de voedingsindustrie alleen als vaste stof worden verwerkt. Deze vetten worden door een chemisch proces omgezet in gedeeltelijk gehard vet. Producten die gedeeltelijk gehydrogeneerde vetten en transvetzuren bevatten, zoals margarine, frites, koekjes, koffiemelkpoeder, taarten, crackers en pizza's, zijn slecht voor de bloedvaten.

Zo word je honderd jaar

* niet vallen

* geen ongeval hebben

* niet verkouden worden

* niet stikken, longontsteking meest voorkomende doodsoorzaak voor honderdjarigen

Zo blijf je gezond

* geen verkoudheid

* niet roken

* met schone binnenlucht, geen vogels of kooidieren in huis houden

* regelmatig handen wassen

* een glas wijn

* drink niet dagelijks alcohol

* eet meer plantaardige eiwitten

* eet minder of geen rood vlees

* drie keer per week een uur trainen

SAVE OUR SELVES EN BESCHERM ONZE PLANEET AARDE

Buikvet verbranden

Vetverbranding begint pas na twintig minuten sporten. Tot deze tijd van 20 minuten worden vooral de koolhydraatreserves (het glycogeen in de lever en spieren) verbrand en val je niet af. Daarom is het beter om drie keer per week een uur te sporten (3 x 40 minuten vetverbranding) dan zes keer per week een half uur (6 x 10 minuten vetverbranding). Het maakt niet uit waar de training uit bestaat. Dit kan een stevige wandeling zijn, langzaam joggen of een sessie op een loopband of roeimachine.

Maak eenvoudig je eigen maaltijden

Houd je aan dit eenvoudige advies om overtollig lichaamsvet kwijt te raken en ziektes te voorkomen. Slechts weinig volkorenbrood, pasta en rijst om sneller af te vallen. Voeding moet veel groenten bevatten, maar ook voldoende plantaardige eiwitten en vetten (vis, olijfolie, avocado, etc.).

- Start met een plantaardig dieet, dan zal de behoefte aan dierlijke eiwitten en vetten geleidelijk afnemen

Behalve een dieet kunnen fysieke activiteit en extra inname van antioxidanten de DNA-methylering tegengaan, die bijdragen aan veroudering.

Fruit Ontbijt

Begin met twee glazen water

Havermoutvlokken met gebroken lijnzaad in sojayoghurt of soja light, amandelmelk of kokosmelk, met vers fruit. Zoals aardbeien, frambozen, appels, peer, mandarijn, sinaasappel, meloen etc. Snijd het fruit in stukjes om de voedingsvezels te behouden.

Soep bij de lunch

Maak soep van groentebouillon. Denk aan tomaat, groente, ui, pompoen, champignons, broccolisoep. Van alle groenten kan een heerlijke soep gemaakt worden. Salade met noten, champignons, rucola, tomaat, ui, knoflook, sperziebonen, kidneybonen, kikkererwten etc. Olijfolie dressing. Broodje met salade van tonijn, zalm, garnalen etc. of een omelet of hardgekookt eitje.

Omega-3 rijke vissen zoals zalm, haring, makreel en schaaldieren zoals mosselen zijn veel gezonder dan rood vlees.

- Geen worsten, alleen hardgekookte eieren, geen vlees(producten) van de super, geen onvoldoende gekookt BBQ-vlees, minder zuivelproducten, geen rauwmelkse kaas.

Warme maaltijd

Maak vooral gebruik van kruiden en specerijen. Vervang het vlees dat je gewend was bijvoorbeeld door kikkererwten, bruine of witte bonen. Maak een heerlijke chili sin carne of curryschotel met bloemkool, broccoli en kikkererwten.

DR P.A.J. HOLST

Geen toetje

Vermijd bij overgewicht suikers en snel verteerbare koolhydraten. Door te zoeten kiest de lever de weg van de minste weerstand (glycolyse) en levert de gevraagde energie, glucose en slaat overtollig lichaamsvet op.

Drink na de maaltijd zwarte koffie met een beetje amandelmelk, groene thee of gemberthee. Gemberthee kan worden gemaakt door plakjes van gemberwortel te snijden en deze in kokend water te laten koken. Alcohol en wijn met mate. Het afbraakproduct acetaldehyde is schadelijk voor ons DNA. Te veel wijnzuren beschadigen de slokdarm en maag.

De boerderijwinkel en lokale markten

Tot slot spreekt het voor zich dat we voor onze eigen gezondheid beter een einde kunnen maken aan de overproductie van slachtdieren, varkens, kippen, eieren en hun export. Een aantal varkens- en kippenslachterijen kan worden gesloten als productie alleen voor huishoudelijk gebruik is toegestaan. Boerderijwinkel en lokale markten zijn veiliger dan grote supermarkten. Zoals boeren in Frankrijk deden, worden grote ketens als McDonalds, Burger King en Kentucky Fried Chicken nu beter buiten de deur gehouden.

Alle betere restaurants hebben tegenwoordig ook een vegetarisch menu. De boerderijwinkels passen zich ook steeds meer aan.

Verticale landbouw, meerlagenteelt

De gebruikelijke land- en tuinbouw draait op kunstmest, bestrijdingsmiddelen en nieuwe plantenrassen. In een gesloten systeem zijn geen bestrijdingsmiddelen meer nodig.

Teelt in twee weken, wat 30 dagen in de volle grond duurt, met 95 procent minder waterverbruik en minder meststoffen.

SAVE OUR SELVES EN BESCHERM ONZE PLANEET AARDE

Zonlicht kan niet worden gecontroleerd. Met de koelere LED-lampen, die allerlei kleuren kunnen bevatten, kunnen ingenieurs een lichtrecept ontwikkelen. Ze kunnen de juiste combinatie van golflengten en lichtintensiteiten kiezen, de LED-lampen bij de planten plaatsen en kiezen voor bredere of smallere lichtbundels. Door de kleur van het licht te veranderen, veranderen de geur, smaak en zelfs het vitaminegehalte van tomaten.

De reden voor de hogere opbrengst in vergelijking met kassen en buitenteelt is dat onder LED-belichting de hele plant, het hele jaar en lange dagen voldoende licht kan krijgen. In het ongecontroleerde zonlicht gaat bovendien een deel verloren omdat het ene vel te veel krijgt en het andere te weinig. Ook gaat er licht verloren door reflectie en het vallen van fotonen op de grond.

Aardbeien zijn zoeter en lekkerder als de bladeren en het fruit extra verlicht zijn. In klimaat gecontroleerde ruimtes groeien in vier lagen o.a. sla, spinazie, paksoi, dille of kool, aardbeien, koriander en waterkers.

In een gemiddelde Nederlandse kas is de slaopbrengst 60 kilo per vierkante meter vloer per jaar. In de verticale schappen wordt 100 kilogram per vierkante meter plank meegenomen.

Tientallen verticale farms, ook wel 'groentefabrieken' of 'indoor farms' genoemd, leveren dagelijks spinazie, paksoi, dille of kool. In Miyagi, Japan, bestelde een Japanse plantenfysioloog 17.500 LED-lampen die in een voormalige Sony-fabriek moesten worden geïnstalleerd. Deze fabriek levert dagelijks 10.000 onbespoten kroppen sla. In Singapore opende Panasonic een volledig geautomatiseerde indoor farm voor 81 ton groenten per jaar. Aero Farms in Newark, VS, opende de grootste tot nu toe, een magazijn van negen meter hoog dat 250 verschillende onbespoten groenten en kruiden zal leveren. Kassen zijn een gebied waar machines nog verrassend afwezig zijn: het plukken van gewassen als tomaten, paprika's en aardbeien is nog niet op grote schaal aan robothanden besteed. Het hele jaar door trekken legers van plukkers de kassen in, die meestal relatief lage lonen en lange en zware werkdagen hebben. De Pick robot wordt al gebruikt in Japan. Bij gebrek aan goedkope arbeidskrachten zijn boeren daar in sommige gevallen tevreden met robots die veel minder oogsten dan menselijke plukkers. Zelfs als de robot maar zestig of zeventig procent van alle aardbeien oogst, verdient de teler meer dan wanneer hij relatief dure plukkers inhuurt.

Landbouw op zoute gronden

- Op Texel zijn ze erin geslaagd aardappelen en groenten op zilte grond te telen.

- Wereldwijd wordt 1,5 miljard hectare landbouwgrond bedreigd door verzilting. In gebieden waar verzilting de grootste bedreiging vormt, biedt dit een kans om gezinnen zelfstandig te voeden.

- Kan de zoute aardappel mensen redden van de hongersnood? Zilt Proefbedrijf Texel onderzoekt sinds 2010 welke gewassen op zilte grond groeien. Veel soorten doen het goed.

- Bij de vergisting van zeewier komt 2/3 methaangas en 1/3 waterstofgas vrij die alleen beter moeten worden opgevangen en benut dan de alternatieven voor aardgas die nu voorhanden zijn.

Kweekvlees

De stamcellen van één gram spierweefsel kunnen worden gebruikt om ongeveer 10.000 kilo vlees te maken. Mosa Meat (Universiteit van Maastricht) en de Nederlandse voedingsgigant Nutreco zijn voedingsbedrijven die in 2022 de markt willen betreden met vlees uit het laboratorium. Ze maken rundvlees van de spiercellen van een koe. De cellen vermenigvuldigen zich tot biljoenen cellen uit een klein monster. Deze groei vindt plaats in een bioreactor, vergelijkbaar met de bioreactoren waarin bier en yoghurt worden gefermenteerd. De cellen worden "gebrouwen" in een vloeibaar groeimedium dat een mengsel van vetten, aminozuren, koolhydraten, vitamines en mineralen bevat. De combinatie van ingrediënten in de vloeibare cultuur zorgt ervoor dat cellen zich differentiëren in spieren, vet en bindweefsel.

Van één monster van een koe kunnen ze 800 miljoen strengen spierweefsel produceren (genoeg om 80.000 kwart ponden te maken). Het verschil is dat een koe ongeveer drie jaar nodig heeft om genoeg vlees te ontwikkelen om geslacht te worden, maar dat we alles in slechts een paar weken kunnen doen.

De wereldwijde vleesconsumptie schommelt rond de 350 miljoen ton per jaar. Volgens Mosa Meat zou uit één weefselmonster mogelijk 10 ton vlees kunnen worden geproduceerd. Dat betekent dat er 35 miljoen weefselmonsters nodig zijn om aan de huidige vraag naar dierlijk voedsel te voldoen.

Referenties van longkanker onderzoeken

Anttila TI, Koskela P, Leinonen M et al. (2003) Chlamydia pneumoniae Infection and the Risk of Female Early-Onset Lung Cancer. Int J Cancer:107,681-682

Bruu AL, Haukenes G, Aasen S, Grayston JT, Wang SP, Klausen OG, Myrmel H, Hasseltvedt V (1991) Chlamydia pneumoniae infections in Norway 1981-87 earlier diagnosed as ornithosis. Scand J Infect Dis 23(3):299-304

Chaturvedi AK et al. (2010) Chlamydia pneumoniae infection and risk for lung cancer. Cancer Epidemiol Biomarkers Prev 1498-1505

Chu DJ, Guo SG, Pan CF, Wang J, Du Y, Lu XF, Yu ZY (2012) An experimental model for induction of lung cancer in rats by Chlamydia pneumoniae. Asian Pac J Cancer Prev. 2012;13(6):2819-22

Chu DJ, Yao DE, Zhuang YF, Hong Y, Zhu XC, Fang ZR, Yu J and Yu ZY (2014) Azithromycin enhances the favorable results of paclitaxel and cisplatin in patients with advanced non-small cell lung cancer. Genet. Mol. Res. 13(2):2976-2805

Coggins CR (2001) A review of chronic inhalation studies with mainstream cigarette smoke, in hamsters, dogs, and nonhuman primates. Toxicol Pathol. 2001 Sep- Oct;29(5):550-7

Felini M, Preacely N, Shah N, Christopher A, Sarda V, Elfaramawi M, Sall M, Bangara S, Gandhi S, **Johnson ES** (2012) A case-cohort study of lung cancer in poultry and control workers: occupational findings. Occup Environ Med. 2012 Mar;69(3):191-7

Ferreri AJ, Ponzoni M, Guidoboni M et al. (2006) Bacteria-eradicating therapy with doxycycline in ocular adnexal MALT lymphoma: a multicenter prospective trial. J Natl Cancer Inst 98:1375– 1382.

Ferreri AJ, Dolcetti R, **Magnino** S ey al. (2007) A woman and her canary: a tale of chlamydiae and lymphomas. J Natl Cancer Inst. 2007 Sep 19;99(18):1418-9

Ferreri AJ, Govi S., Pasini E. et al. (2012) Chlamydophila psittaci eradication with doxycycline as first-line targeted therapy for ocular adnexae lymphoma: final results of an international phase II trial. J Clin Oncol Aug 20;30(24):2988-94

Gardiner AJ, Forey AB, Lee PN (1992) Avian exposure and bronchiogenic carcinoma. Br Med J 305 :989-992

Ger LP, Liou SH, Shen CV, Kao SJ, Chen KT (1992) Risk factors of lung cancer.J. Formos Med Assoc Sep; 91 Suppl 3:222-231

Holst PAJ 1997 Risk of lung cancer needs to be studied in younger patients who keep and breed pet birds. Br Med J (1997) 314, 1353

Jackson LA, Wang SF, Nazar-Stewart V, Grayston IT, Vaughan IL (2000) Association of ChIamydia pneumoniae immunoglobin A seropositivity and risk of lung cancer. Cancer Epidemiol Biomarkers Prev 9(11): 1263-1266

Johnson ES, Ndetan H, Lo KM (2010) Cancer mortality in poultry slaughtering / processing plant workers belonging a union pension fund. Environ Res 110(6):588-94

Johnson ES (2012), Choi Km. Lung cancer risk in workers in the meat and poultry industries - a review. Zoonoses Public Health 59(5):303-13

Jöckel KH, Pohlabeln H, Bromen K, Ahrens W, Jahn I (2002) Pet Birds and risk of lung cancer in North-Western Germany. Lung Cancer Jul;37(1)29-34

Kocazeybek B (2003) Chronic Chlamydophila pneumoniae infection in lung cancer, a risk factor: a case-control study. J Med Microbiol 52(8):721-6

Kohlmeier L, Arminger A, Bartolomeycik S, Bellach B, Rehm J, Thamm M (1992) Pet birds as an independent risk for lung cancer: Case-control study. Br Med J

Koyi H, Branden E, Gnarpe J, Gnarpe H, Arnholm B, Hillerdal G (1999) Chlamydia pneumoniae may be associated with lung cancer. Preliminary report on a seroepidemiological study. APMlS 107(9):828

Laurilla AL, Antilla T, Laara E, Bloigu A, Virtamo J, Albanes D, Leinonen M, Saikku P (1997) Serological evidence of an association between Chlamydia pneumoniae infection and lung cancer. Int J Cancer 20;74(1)1-34

Littman AJ Jackson LA, Vaughan TL (2005) Chlamydia pneumoniae and lung cancer: epidemiologic evidence. Cancer Epidemiol Biomarkers Prev. 14(4):773-8

Mather JP, Roberts PE, Pan Z et al. (2013) Isolation of cancer stem like cells from human adenosquamous carcinoma of the lung supports a monoclonal origin from a multipotential tissue stem cell. PLoS One 4;8(12)

Zhan P, Suo LJ, Qian Q, Shen XK, Qiu LX, Yu LK, Song Y (2011). Chlamydia pneumoniae infection and lung cancer risk: a meta-analysis. Eur J Cancer Mar;47(5):742-7

Publicaties en boeken

Holst PAJ (1984) Bronchial carcinoma in bird keepers: an investigation in a general medical practice on a possible common relation. Ned Tijdschr Geneeskd 128:899-902

Holst PAJ, Kromhout D, Brand R (1988) Pet birds as an independent risk for lung cancer. Br Med J 297:1319-1321

Holst, PAJ (1991), Birdkeeping as a Source of Lung Cancer and Other Human Diseases. A Need for Higher Hygienic Standards.

Springer-Verlag ISBN 3-540-53555-1, Berlin/Heidelberg

Springer-Verlag ISBN 3-387-53555-1, New York

Kohlmeier L, Arminger A, Bartolomeycik S et al.(1992)

Pet birds as an independent risk for lung cancer: Case-control study. Br Med J 305:986-989

Chu DJ, Guo SG, Pan CF, Wang J, Du Y, Lu XF, Yu ZY (2012) An experimental model for induction of lung cancer in rats by Chlamydia pneumoniae. Asian Pac J Cancer Prev. 2012;13(6):2819-22.

Chu DJ, Yao DE, Zhuang YF, Hong Y, Zhu XC, Fang ZR, Yu J and Yu ZY (2014) Azithromycin enhances the favorable results of paclitaxel and cisplatin in patients with advanced non-small cell lung cancer. Genet. Mol. Res. 13(2):2976-2805

Holst, PAJ (2014) The Last Chimpanzee, somewhere in the 21st
century, the last chimpanzee will die, 2014 E-book APPLE
Paperback ISBN 978-94-02124-8-4
Holst, PAJ (2015) Plant-Based food is your Best Medicine
E-book APPLE 106 pages ISBN 9789082210569
Holst, PAJ (2016) Common Cancers are Zoonoses
E-book APPLE 197 pages ISBN 978-90-824963-3-8
Holst, PAJ (2016) Increase in Cancer is a Recent Event
E-book Apple ISBN 978-90-824963-0-7
Holst, PAJ (2016) PREVENTION IS BETTER THAN CURE
E-book 978-90-824963-2-1
Hamers, RWG (2017) De tijd van de Apocalyps
Paperback 270 pages ISBN 978-9463426664
Holst, PAJ (2019) Stop the Meatballs
Paperback 131 pages ISBN 978-1797658926
Holst, PAJ (2019) Our Inheritance from the Great Apes
Paperback. 146 pages ISBN 978-1081342159
Holst, PAJ (2019) Canimalism, E-book Kindle 119 pages
Paperback 120 pages Amazon.com ISBN 978-1694357762
Hardcover 120 pages Bravenewbooks.nl ISBN 978-9402198577

Geraadpleegde boeken

Er is veel wetenschappelijk bewijs gepubliceerd en ook geschreven in verschillende boeken over gezondheidsvoordelen van plantaardig voedsel voor verschillende ziekten op latere leeftijd. Veranderen naar strikt plantaardig voedsel is niet eenvoudig. Het beeld van de klassieke vegetariër bemoeilijkt deze overgang. Maar lees meer over de te behalen gezondheidsvoordelen.

The China Study

Gedetailleerde studie over het verband tussen voeding en hartaandoeningen, diabetes en kanker. Het rapport onderzoekt ook de bron van verwarrende informatie over voeding door machtige lobby's, overheidsinstanties en opportunistische wetenschappers. De China-studie observeerde of er associatiepatronen waren voor verschillende voeding, levensstijl en ziekte binnen het onderzoek van 65 provincies, 130 dorpen en hun families. Binnen deze studie in China en Taiwan werd ook het virus hepatitis B (HBV) onderzocht, dat primaire leverkanker veroorzaakt, een belangrijke doodsoorzaak in Afrika en Azië. Ze verzamelden gegevens over de prevalentie van antilichamen en antigenen, sterftecijfers bij meerdere ziekten en veel voedingsrisicofactoren. De prevalentie van HBV-antilichamen was sterk gecorreleerd met plantaardige consumptie, voedingsvezels en plantaardig eiwit. Kortom, meer consumptie van plantaardig voedsel werd geassocieerd met meer antilichamen en een verbeterde immuunrespons.

Campbell TC, Campbell TM (2006) The China Study. electronic book Apple

How Not to Die

De overgrote meerderheid van vroegtijdige sterfgevallen kan worden voorkomen door eenvoudige veranderingen in dieet en levensstijl. In How Not to Die onderzoekt Dr. Michael Greger, de internationaal bekende voedingsdeskundige, arts en oprichter van NutritionFacts.org, de vijftien belangrijkste oorzaken van vroegtijdig overlijden in Amerika: hartaandoeningen, verschillende vormen van kanker, diabetes, Parkinson, hoge bloeddruk , en meer, en legt uit hoe voedings- en levensstijlinterventies de pillen op recept en farmaceutische en chirurgische benaderingen kunnen overtroeven, waardoor we een gezonder leven kunnen leiden.

Gene Stone & Michael Greger MD

Proteinaholic, how Our Obsession with Meat is Killing Us and What We Can Do About it

Of je nu naar een dokter, voedingsdeskundige of trainer gaat, ze adviseren allemaal om meer eiwitten te eten. Voedingsmiddelen, dranken en supplementen zitten boordevol extra eiwitten. Veel mensen gebruiken eiwit voor gewichtsbeheersing, om kilo's aan te komen of af te vallen, terwijl anderen denken dat het hen meer energie geeft en essentieel is voor een langer en gezonder leven. Dr. Garth Davis, een expert in gewichtsverlies, vraagt zich af: maakt al dit eiwit ons gezonder? Het antwoord, zo stelt hij nadrukkelijk, is NEE.Te veel eiwitten maken ons eigenlijk ziek, dik en moe, volgens Dr. Davis. De gezondste landen ter wereld eten veel minder eiwitten dan wij en toch hebben we een hele natie die met de dag zieker wordt.

Garth Davis MD & Howard Jacobson

Guns, Germs, and Steel: The Fates of Human Societies

Guns, Germs and Steel proberen de grootste vraag uit de menselijke geschiedenis na de ijstijd te beantwoorden: waarom Euraziatische volkeren, in plaats van volkeren van andere continenten, degenen werden die de ingrediënten van macht ontwikkelden (geweren, ziektekiemen en staal) en over de hele wereld uit te breiden. Afrikanen hadden een enorme voorsprong, want Afrika is het continent met verreweg de langste geschiedenis van menselijke bewoning. Noord-Amerika is een groot vruchtbaar continent, met als resultaat dat het de rijkste en meest productieve natie van vandaag ondersteunt. Australië levert verreweg het vroegste bewijs voor het menselijk vermogen om grote waterkloven te overbruggen, en een van de vroegste wijdverbreide bewijzen voor gedragsmatig moderne mensen. Waarom waren de Indo's niettemin degenen die uitbreidden? De redenen waren continentale verschillen in de beschikbare wilde planten- en diersoorten die geschikt zijn voor domesticatie, wat resulteerde in een eerdere, meer productieve reeks gedomesticeerde dieren in Eurazië.

SAVE OUR SELVES EN BESCHERM ONZE PLANEET AARDE

De oost/west-as van Eurazië vergemakkelijkte de verspreiding van deze gedomesticeerde dieren door Eurazië. Europeanen waren in staat zich te verspreiden ten koste van andere volkeren door hen (meestal onbedoeld) te infecteren met epidemische infectieziekten zoals pokken en mazelen, waartegen Europeanen enige genetische resistentie hadden ontwikkeld en veel immuun (op antilichamen gebaseerde) resistentie hadden verworven door historische en respectievelijk levenslange blootstelling, terwijl niet-blootgestelde niet-Europese volkeren een dergelijke blootstelling niet hadden, en dus ook geen dergelijke resistentie. De uitwisseling van grote epidemische infectieziekten was eenzijdig, omdat de meeste van die ziekten in de gematigde streken naar ons mensen kwamen door ziekten van onze huisdieren (zoals runderen, varkens en kippen) waarmee onze vorouders in nauw contact leefden na die diersoorten waren gedomesticeerd. Maar van de 14 soorten waardevolle gedomesticeerde zoogdieren ter wereld waren er 13 Euraziatisch, slechts één Amerikaan en geen enkele Australiër. Vandaar dat Indo's eindigden als ziektedragers, en met veel weerstand zelf tegen hun eigen ziekten.

Jared Diamond, 1997

Dead Zone, where the wild things were

Een rondleiding langs enkele van 's werelds meest iconische en bedreigde diersoorten en wat we kunnen doen om ze te redden. Klimaatverandering en vernietiging van leefgebieden zijn niet de enige boosdoeners achter zoveel dieren die met uitsterven worden bedreigd. De impact van de vraag van de consument naar goedkoop vlees is even verwoestend. We worden ten onrechte ertoe gebracht te geloven dat het samenpersen van dieren in de bio-industrie en het verbouwen van gewassen in uitgestrekte, met chemicaliën doordrenkte prairies een noodzakelijk kwaad is, een eciënte manier om te voorzien in een steeds groter wordende wereldbevolking terwijl het land vrij blijft voor dieren in het wild. De hulpbronnen van onze planeet bereiken een breekpunt.

Jaarlijks worden grote hoeveelheden stikstof uit kunstmest en mest verdeeld over landbouwgrond. Ongetwijfeld verhoogt het de gewasopbrengst, maar planten nemen het niet volledig op, zodat er meer kunstmest en dierlijk afval wordt toegevoegd dan de planten nodig hebben. Slechts een fractie van wat op de grond wordt aangebracht, komt in de gewassen terecht. De rest stroomt naar onze rivieren. Stikstof- en fosforgehaltes, dode organismen nemen toe in de Golf van Mexico, de Rhône-delta, de Noordzee, de Oostzee en de Adriatische Zee. Het zuurstofgehalte in deze kustwateren daalt.

Dead Zone neemt ons mee op een oogverblindende onderzoek reis over de hele wereld, gericht op een tiental iconische soorten en in elk geval kijkend naar de rol die industriële landbouw speelt in hun benarde situatie.

Phillip Lymbery. 2017

David Attenborrough – A Life on Our Planet

Honderden onderzoeken over de hele wereld hebben bevestigd dat er iets aan de hand is. De gevolgen zullen ingrijpender zijn dan de vervuiling van bodem en water in enkele landen. Uiteindelijk kan dit leiden tot de verstoring en ineenstorting van alles waarop we vertrouwen.

Dit is de tragedie van onze tijd: de steeds snellere achteruitgang van de biodiversiteit van onze planeet. We hebben een overweldigende biodiversiteit nodig om het leven op onze planeet echt te laten floreren. Alleen wanneer miljarden verschillende individuele organismen optimaal gebruik maken van alle hulpbronnen en kansen die ze tegenkomen, en wanneer miljoenen soorten onderling verbonden levens leiden die zodanig met elkaar verbonden zijn dat ze elkaar in stand houden, kan de planeet soepel functioneren.

Hoe groter de biodiversiteit van onze planeet, hoe veiliger al het leven op aarde, inclusief wijzelf, zal zijn. De biodiversiteit stort echter in onder invloed van onze huidige manier van leven.

We leiden ons plezierige leven in de schaduw van een ramp die we zelf veroorzaken. Deze catastrofe wordt veroorzaakt door juist die dingen die ons in staat stellen een sfeer van welzijn te creëren. En het is logisch dat we hiermee doorgaan totdat we een doorslaggevende reden hebben om daarmee te stoppen, en een aantrekkelijk alternatief. De natuurlijke wereld is in verval. Het bewijs is overtuigend dat het tot onze vernietiging zal leiden. Er is nog een alternatief om het tij te keren als we nu handelen. Een deel van de oplossing ligt mogelijk in Nederland, een van de weinige landen die expliciet in de film worden genoemd. **Attenborough** legt uit dat het een dichtbevolkt land is, maar nog steeds de op één na grootste exporteur van voedsel ter wereld. **Attenborough** laat zien hoe efficiënt groenten worden geteeld in ons land, in kassen en onder kunstmatig zonlicht. Ook wijst hij op hoe Nederland omgaat met zeewater. Een van de problemen waar we mee te maken krijgen is wateroverlast in steden als gevolg van klimaatverandering. Ook daar kan Nederland de rest van de wereld veel over leren.

Dankbetuiging

Voor het kandidaatsexamen examen heb ik mijn pathologie examen gedaan bij prof.dr. A. de Minjer. Mijn scriptie over kleincellige longkanker werd besproken en de Minjer nam me mee naar het pottenmuseum waar wij enige tijd stopten voor een preparaat met longcarcinoom van een roker. De Minjer wees erop dat longkanker en borstkanker voor de komende jaren de grootste uitdagingen van de geneeskunde zouden zijn. Meer dan vijftig jaar later is dat nog steeds zo.

Door de vele spreekuren en huisbezoeken kwamen in de huisartsenpraktijk tien longkankerpatiënten onder mijn aandacht. Hiervan waren er in de jaren vóór de diagnose zes vogelhouders. Na overleg met hoogleraar F. de Waard van het RIVM, afdeling epidemiologie, heb ik een tienjarig praktijkonderzoek en vervolgonderzoek opgezet. Het statistische verband werd aangetoond, later bevestigd in studies in Berlijn en Glasgow.

Graag wil ik professor Zwart (afdeling Veterinaire Pathologie, Afdeling Ziekten van Bijzondere Dieren. Rijksuniversiteit Utrecht) bedanken voor zijn commentaar na de presentatie van mijn onderzoeksresultaten. "Originele ideeën en observaties zijn zeldzaam. Ze zijn vooral waardevol als ze in de praktijk worden gecontroleerd, kritisch worden geëvalueerd en ondersteund door materiaal dat onafhankelijk is verzameld door anderen".

DR P.A.J. HOLST

Holst zag een mogelijk verband tussen het houden van vogels en het optreden van longkanker bij leden van het huishouden waar ze worden gehouden. Hij heeft het idee in zijn privépraktijk nagestreefd en meer dan 12 jaar heeft hij alle patiënten bijgehouden. De data zijn kritisch en statistisch geanalyseerd en aangevuld met data en materialen verzameld door longspecialisten". Onderzoek naar kanker, vooral naar longkanker bij mensen, heeft een grote inbreng van de wetenschap met zich meegebracht en heeft aanzienlijk bijgedragen tot de kennis van de vele factoren die hierbij een rol spelen. Een nieuw aspect wordt gepresenteerd in vogelproducten, verspreid in de vorm van fijne stofdeeltjes, diep ingeademd, irritatie veroorzaken en bijdragen aan lokale immuunreacties in de longen. Veel later, in 2012, bewezen laboratoriumexperimenten het verband tussen longkanker en Chlamydia-pneumonie-infectie (**Chu DJ 2012 & 2014**).

Dr. Michael Greger MD was zeer voorspellend met zijn publicatie over het ontstaan van zoönosen.

Greger, M. (2007). The human/animal interface: emergence and resurgence of zoonotic infectious diseases. Critical Reviews in Microbiology, 33(4), 243-299.

Biografie

Dr. Peter Holst werkte tot 1984 als huisarts in de regio Den Haag, Nederland. Als startend huisarts zag hij in 1970 een jong meisje met een ernstige Chlamydia-pneumonie. Na behandeling met een antibioticum herstelde ze. Omdat ze een parkiet in een kooi in haar slaapkamer hield, ging hij ervan uit dat "de aanwezigheid van een gekooide vogel thuis verantwoordelijk zou kunnen zijn voor een ernstiger ziekte". In zijn praktijk behandelde hij ook een 17-jarige jongen met een osteosarcoom in zijn bovenbeen, waaraan hij overleed. Als hobby hield en kweekte hij ongeveer 100 tropische vogels in een kelderruimte.

Door de vele spreekuren en huisbezoeken kwamen in de jaren daarna tien longkankerpatiënten onder zijn aandacht. Hiervan waren er in de jaren vóór de diagnose zes vogelhouders. Na overleg met een hoogleraar epidemiologie begon hij aan een tienjarig praktijkonderzoek. Hij deed zijn onderzoek bij de Universiteit Utrecht. Uniek door de combinatie van diergeneeskunde en humane geneeskunde. Ziekten die van dier op mens kunnen overgaan (zoönose) komen steeds vaker voor. Met steun van het Nederlands Preventiefonds deed hij in zijn eigen praktijk onderzoek naar nieuwe kankergevallen (tienjarig praktijkonderzoek). De resultaten zijn gepubliceerd in het Nederlands Tijdschrift voor Geneeskunde (Holst 1984). Hierna startte hij met behulp van hun eigen longartsen een case-control studie van alle nieuw gediagnosticeerde longkankerpatiënten in alle Haagse ziekenhuizen. De resultaten van deze onderzoeken zijn gepubliceerd in het British Medical Journal (**Holst, Kromhout & Brand 1988**). Het houden van vogels en het kweken van vogels bleken een risico op longkanker te zijn. In de studie van longkankerpatiënten in Den Haag vonden ze behalve het risico van het houden van vogels in huis, vooral het fokken van vogels, ook een verminderde inname van vitamine C bij verse groenten en fruit.

SAVE OUR SELVES EN BESCHERM ONZE PLANEET AARDE

Met de Nederlandse Organisatie voor Toegepast Natuurwetenschappelijk Onderzoek (TNO Delft) voerde hij vervolgens stofmetingen uit in woningen van vogelhouders.

Dit onderzoek leidde in 1987 tot zijn promotie aan de Universiteit van Utrecht op de relatie die hij aantoonde tussen het kweken en binnenhouden van vogels en longkanker. Hij verdedigde de hypothese dat longkanker bij vogelhouders en vogelkwekers het gevolg is van aanhoudende infectie van de diepere basale cellen in de luchtwegen. Deze basale cellen zijn nog steeds Multi potent en gaan niet dood als de cel is geïnfecteerd met een bacterie zoals de Chlamydia die zich alleen in een levende gastheercel kan voortplanten. Zijn promotors waren prof. F. de Waard, epidemioloog van het RIVM, prof.dr. P. Zwart, hoofd van de faculteit Diergeneeskunde van de Universiteit Utrecht en D. Kromhout, voedingsepidemioloog. Huisartsonderzoeken en stofmetingen met TNO werden ondersteund door het Nederlands Preventiefonds.

Holst specialiseerde zich vanaf 1984 in de Arbo- en Milieugezondheidszorg aan het Nederlands Instituut voor Preventieve Geneeskunde (NIPG-TNO Leiden). Sinds de oprichting in 1991 was hij lid van de International Society of Indoor Air Quality (ISIAQ). Hij heeft gepubliceerd in verschillende medische tijdschriften en heeft boeken geschreven over hygiëne in de binnenlucht en preventieve geneeskunde.

DR P.A.J. HOLST

Na zijn pensionering in 2005 heeft hij veel gereisd. Geboren in Zeeland, land in zee, voelt hij zich aangetrokken tot de wijde wereld en het zeegat. Na meer dan 20 cruises heeft hij nu meerdere keren alle oceanen overgestoken. De vulkanische eilanden in de grote Stille Oceaan zijn erg indrukwekkend. Alle eerste levensvormen zijn hier ontstaan en hebben zich verspreid naar Amerika, Afrika, Europa, Azië en Australië. Vissen, amfibieën, vogels, dinosaurussen en zoogdieren zijn afkomstig uit de oersoep van de Stille Oceaan. Hij merkte op dat er geen mensapen waren in Amerika en Australië. De oudste menselijke beschavingen zijn te vinden in het Verre Oosten. Recent DNA-onderzoek heeft aangetoond dat 70.000 jaar geleden de Aboriginals Australië bereikten vanuit Oost-Afrika via Antarctica.

In 2012 bewees een laboratoriumexperiment het verband tussen longkanker en Chlamydia-pneumonie-infectie.

Zijn interesse in het verband tussen het kweken van tropische vogels en kanker is uitgebreid naar de gezondheidsrisico's van de intensieve opfok van pluimvee, varkens en runderen voor consumptie. Sinds de jaren vijftig van de 20e eeuw is het kunstmatig fokken van vee sterk toegenomen. In de afgelopen vijftig jaar is onze voeding steeds onnatuurlijker geworden. Meer vleesproducten van dieren, uitsluitend gefokt voor consumptie, veroorzaken meer chronische ziekten. Een stijging die gelijke tred houdt met de recente stijging van de kankersterfte.

9 798201 647384